U0383640

“十二五”国家科技支撑计划项目《传统蒙式建筑传承与创新关键技术研究与示范》
（课题编号：2015BAK01B03）

蒙式建筑装饰与纹样

张小开　胡建平　孙媛媛　王　栋　李国栋　著

前言

前言

中华民族，地大物博，五十六个民族体现了我国民族大家庭的和谐与繁荣，本书的出版正是在我国开启新时代中国特色社会主义伟大事业建设征程的时候，建立民族自信、文化自信的新时代。该书是“十二五”国家科技支撑计划项目《传统蒙式建筑传承与创新关键技术研究与示范》的成果之一，更是体现了国家对我国民族文化繁荣的重视与支持。

本书从蒙古族建筑装饰与纹样入手，研究传统蒙古文化的现代传承与创新问题。研究的是传统蒙式建筑装饰与纹样，目的是为了更好地保护、传承和创新，应用到现代蒙式建筑中，从而发扬蒙古族文化。

为了收集蒙古地区各地建筑的装饰与纹样素材，本书作者多次奔赴内蒙古、新疆等地区，调查行程一万五千余公里，派出人次近 40 次，拍摄照片两万张以上，采集数据超过 50G，收集到了蒙古传统建筑最新的第一手资料。在调查采集第一手资料的基础上，本书写作组进行了数据材料的筛选、分析和总结等深入研究，最终得出了蒙式建筑装饰的特点、蒙式建筑纹样的特征与规律，提出了蒙式建筑纹样“五核十四式”的核心观点，为研究蒙式建筑纹样及其未来的应用提供了思路。

同时，本书分别从蒙古族历史遗迹建筑、各地蒙古包、敖包、召庙建筑、府邸建筑、各地现代民居、现代公共建筑以及现代公共设施等七个方面对蒙式建筑装饰与纹样进行了展示和说明，书中所选建筑均是在调查采集中发现的蒙式建筑中具有代表性的，特别是在建筑装饰与纹样使用上具有典型蒙式特色。在这七章中，对建筑装饰与纹样的展示，采用了建筑结构与装饰纹样相对应的展示方法，让读者可以很方便地了解某一建筑装饰与纹样在建筑物上的使用情况，特别是与建筑结构的配合情况。同时在部分章节放置了地理卫星图，展示了重点建筑物在整体建筑群中的位置关系。

蒙古族是中华民族大家庭中最重要的成员之一，有着自己优秀、灿烂的民族文化，蒙古族发明的蒙古包更是极具特色的可移动式建筑，是对人类建筑的创新发明。如何保护和传承蒙古族优秀的民族文化是蒙古族乃至中华儿女的共同责任。本书借着此次国家科技支撑计划项目的契机，试图对蒙式建筑装饰与纹样做一次收集与整理，以尽我们微薄之力，记录相关资料。希望以此引起更多仁人志士的关注，共同为维护和发扬民族文化而努力。

因本人能力有限，书中若有不当之处，欢迎广大读者、各界专家多批评指正！

张小开于天津

2017 年 11 月 18 日

目录

目　录

第一章　蒙式建筑概述 …… **1**

1.1　蒙式建筑及其种类 …… 1

1.1.1　蒙古包 …… 2

1.1.2　敖包 …… 2

1.1.3　藏传佛教建筑 …… 3

1.1.4　汉式建筑 …… 3

1.1.5　蒙古族现代建筑 …… 4

1.2　蒙式建筑特征 …… 4

1.3　蒙式建筑结构 …… 5

1.3.1　蒙古包结构 …… 5

1.3.2　汉式建筑结构 …… 7

1.3.3　藏式建筑结构 …… 9

1.3.4　现代建筑结构 …… 12

第二章　蒙式建筑符号及其体系 …… **15**

2.1　蒙式建筑符号 …… 15

2.2　蒙式建筑符号体系 …… 16

2.2.1　蒙古族文化内涵的内在支撑 …… 16

2.2.2　蒙式建筑符号体系的三个方面 …… 16

2.2.3　蒙式建筑符号的造型法则 …… 17

2.2.4　蒙式建筑符号的应用模式 …… 20

2.2.5　纹样符号 …… 20

2.2.6　构造符号 …… 21

2.2.7　色彩符号 …… 23

2.3　蒙式建筑纹样符号研究 …… 23

2.3.1　蒙式建筑纹样符号调研情况 …… 23

2.3.2　蒙式建筑典型纹样符号——五核十四式 …… 25

2.3.3 蒙式建筑常用（次典型）纹样符号 …… 30
2.3.4 蒙式建筑通用纹样符号 …… 32
2.4 蒙式建筑构造符号研究 …… 34
2.4.1 蒙式空间符号 …… 34
2.4.2 蒙式结构符号 …… 35
2.4.3 蒙式布局符号 …… 37
2.4.4 蒙式材质符号 …… 38
2.5 蒙式建筑色彩符号研究 …… 38
2.5.1 蒙式典型基础色体系 …… 38
2.5.2 蒙式典型色彩搭配 …… 40
第三章 历史遗址中的建筑装饰纹样 …… 43
3.1 元上都遗址建筑装饰纹样 …… 43
3.2 匈奴文化博物馆 …… 50
3.3 内蒙古大学博物馆 …… 53
3.4 新疆维吾尔自治区博物馆 …… 60
第四章 蒙古包装饰与纹样 …… 65
4.1 呼和浩特市蒙古包装饰与纹样 …… 65
4.2 鄂尔多斯市蒙古包装饰与纹样 …… 73
4.3 锡林浩特市蒙古包装饰与纹样 …… 81
4.4 阿拉善盟蒙古包装饰与纹样 …… 84
4.5 其他地区蒙古包装饰与纹样 …… 85
第五章 府邸建筑装饰与纹样 …… 87
5.1 固伦恪靖公主府建筑装饰与纹样 …… 87
5.2 准格尔王爷府建筑装饰与纹样 …… 93
5.3 喀喇沁亲王府建筑装饰与纹样 …… 99
第六章 宗教建筑装饰与纹样 …… 107
6.1 大召寺建筑装饰与纹样 …… 107
6.2 苏里格庙建筑装饰与纹样 …… 117
6.3 贺兰山北寺建筑装饰与纹样 …… 131
6.4 梅力更召建筑装饰与纹样 …… 139
6.5 五当召建筑装饰与纹样 …… 145
6.6 三大寺建筑装饰与纹样 …… 147

第七章 陵墓建筑装饰与纹样 165
7.1 成吉思汗陵建筑装饰与纹样 165
7.2 敖包装饰 179
第八章 民居建筑装饰与纹样 183
8.1 布尔陶亥苏木现代民居建筑装饰与纹样 183
8.2 锡林浩特市区现代民居建筑装饰与纹样 186
8.3 鄂托克旗现代民居建筑装饰与纹样 187
8.4 正蓝旗现代民居建筑装饰与纹样 188
8.5 阿拉善民居建筑装饰与纹样 189
8.6 包头市民居建筑装饰与纹样 191
8.7 奈曼县民居建筑装饰与纹样 193
第九章 现代公共建筑装饰与纹样 197
9.1 蒙古风情园建筑装饰与纹样 197
9.2 鄂托克蒙古族中学建筑装饰与纹样 199
9.3 巴彦淖尔宾馆建筑装饰与纹样 203
9.4 呼和浩特南大街建筑装饰与纹样 205
9.5 锡林浩特额尔敦路商业街建筑装饰与纹样 206
9.6 蒙古大营建筑装饰与纹样 212
9.7 内蒙古饭店建筑装饰与纹样 219
9.8 鄂尔多斯大剧院建筑装饰与纹样 224
9.9 阿拉善大漠奇石博物馆建筑装饰与纹样 225
9.10 蒙古丽宫建筑装饰与纹样 227
第十章 现代公共设施装饰与纹样 229
10.1 建筑小品装饰与纹样 230
10.2 景观小品装饰与纹样 231
10.3 公共汽车站装饰与纹样 232
10.4 路灯及公共设施装饰与纹样 233
致 谢 234
作者简介 236

第一章　蒙式建筑概述

1.1　蒙式建筑及其种类

不同形式的蒙古包

蒙古族建筑最传统的形式是毡庐，俗称蒙古包，随着蒙古族人民生活形式逐渐从游牧向定居化的转变，在毡庐建筑形式的基础上，诞生了诸多具有蒙古族特点的现代建筑，这些现代建筑大多继承了蒙古族传统建筑的形式或装饰特点。蒙古族在近代历史中，宗教上受到藏传佛教的影响较大，在政治文化上，受到清朝影响。这两种影响在建筑文化方面表现为遍布于蒙古高原的藏式建筑和汉式建筑。这类建筑在向蒙古高原移植的过程中，不同程度上与蒙古族传统相结合，诞生出具有蒙古族特点的藏式建筑和汉式建筑。这些建筑形式都是存在于蒙古族人民日常生活当中的。我们可以将这些具有蒙古族特点的建筑统称为蒙式建筑。

从内蒙古地区目前留存下来的建筑遗迹来看，主要分为两大类：

一、原生建筑。草原游牧、游猎民族生活中形成的内生型建筑，即敖包、蒙古包等；

二、外来融合建筑。域外的植入型建筑，主要是各类宗教建筑、衙署府第、塔幢等。

1.1.1　蒙古包

蒙古包包内宽敞舒适，是用特制的木架做“哈那”（蒙古包的围栏支撑），用两至三层羊毛毡围裹而成，之后用马鬃或驼毛拧成的绳子捆绑而成，其顶部用“乌耐”作支架并盖有“布乐斯”，以呈天幕状。其圆形尖顶开有天窗“陶脑”，上面盖着四方块的羊毛毡“乌日何”，可通风、采光，既便于搭建，又便于拆卸移动，适于轮牧走场居住。

蒙古族游牧的生活形态决定了其民族特有的建筑形式—蒙古包。这种建筑形式保证了蒙古族人民可以随时在大草原迁徙，主观上满足了蒙古族人民游牧的需要，客观上蒙古包的建造不需大兴土木，只需要少量木材、毡子和皮条，对自然消耗很小，拆卸后没有废弃物，符合蒙古族天人合一的自然观。

蒙古包独特的制作技艺，体现了蒙古族的审美观与高超的技能，显示出蒙古族人们的智慧，是蒙古生活方式的典型体现，体现了强烈的蒙式建筑风格。

1.1.2　敖包

敖包——具有永恒感的空间之场。

成吉思汗陵的敖包

锡林浩特市额尔敦敖包

元上都遗址敖包

敖包是蒙古语，意即“堆子”，也有译成“脑包”、“鄂博”的，意为木、石、土堆。就是由人工堆成的“石头堆”、“土堆”或“木块堆”。旧时遍布蒙古各地，多用石头或沙土堆成，也有用树枝垒成的，今数量已大减。原来是在辽阔的草原上人们用石头堆成的道路和境界的标志，后来逐步演变成祭山神、路神和祈祷丰收、家人幸福平安的象征。

敖包是蒙古族的重要祭祀载体。在古代，蒙古人把一切万物都看作神灵来崇拜，从而也崇拜山川及大地的其他各部分或掌管这些部分的神灵。这种圣地可以分成共同的和个别的两类。个别的圣地就是敖包。这种圣地也是各家族在自己的领地建起来的假山。

蒙古族敖包种类繁多。按不同的分类标准可分为：成年人崇拜的敖包，专供男人祭祀的敖包，专供女人祭祀的敖包；地区性集会的盟级敖包（楚古拉干敖包），旗级敖包（和硕敖包），苏木级敖包（苏木敖包）；归一屯所有或归数屯所有乃至归一家私有的敖包，等等。从敖包的组成数目上看，有的是单独的一个敖包，有的则是敖包群。敖包的形式，大体一样，即在土堆圆坛上堆积石头为台，台基上分成大、中、小 3 层，重叠呈圆锥体，10 余丈，形似烽火台，遥远望之又如尖塔，直插云霄。敖包数目不等，有的是单独 1 个，有的成群，7个并列，中间大的为主体，两旁各陪3个；有的1个大敖包居中，东、西、南、北各陪衬3个小敖包，成为13个小敖包群。

1.1.3　藏传佛教建筑

藏传佛教中尊重众生尊重自然的理论和蒙古民族对自然的崇拜和谐地相互契合。内蒙古地区现存的召庙基本上是明清大规模建造时期的建筑遗存。这些召庙建筑表现出一定的形态共性。由于藏传佛教在明清时期是继元朝之后再度传入内蒙古地区的，是在政治力量自上而下的推动下完成的，因此，在一个较短时期内，内蒙古藏传佛教召庙建筑是在植入中草创完成，除了一些完整的汉地官式建筑形制以外，许多建筑形制的植入处于不成熟的状态。

内蒙古东部以清朝康熙的多伦会盟为始，大多植入的是汉地官式建筑形制，西部则以明末阿拉坦汗引入的藏汉结合式为主。由于不同时期不同类型形态的植入，加上周边地域成熟文化的影响，本地域藏传佛教由于融合了周边地域成熟的文化，召庙建筑呈现出较为丰富的形态类型；由于植入时的单一规模和随之持续的政治优礼下不断增加的喇嘛队伍，加之复杂的地理气候，本地域藏传佛教召庙建筑形成多元布局；同时，上述草创式的植入加上快速的传播使原本较成熟的建筑规制呈现一种式微状态；建造时间较短，以及草原上没有成熟的建造传统和工匠，以及材料的缺乏，导致本地域藏传佛教召庙建筑普遍粗放的建造技艺；此外，基于蒙古草原出于藏传佛教外层文化易受其他文化影响的现实，辅以该地域狭长的地理特征，其与众多文化地域接壤并表现出多种形态的近地域性特点；及藏地与蒙古草原的地域一致性，使得藏式建筑形制仍是一种基本的形态母本。

蒙古高原存在着典型藏式特点的召庙建筑有位于包头的五当召、梅力更召，位于鄂尔多斯的阿贵庙等。

藏式风格的五当召

汉式风格的和硕恪靖公主府

1.1.4　汉式建筑

主要有公主府、将军府衙、大召、贝子庙、库伦三大寺等。

历史上，蒙古族受中原文化及藏传佛教文化影响较深。清朝时期，在政治上清朝政府“联蒙制汉”、“屏藩朔漠”等稳定边疆政策在内蒙古古建筑中留下一种特殊类型，即署衙府邸建筑。这类建筑是典型的汉式建筑。例如呼和浩特市的和硕恪靖公主府、清将军署衙、赤峰的喀喇沁亲王府等。此外，蒙古高原上藏传佛教的喇嘛庙，很大一部分是汉藏结合的建筑形式。例如呼和浩特的大召寺、锡林郭勒盟的贝子庙、库伦旗的库伦三大寺等。这类建筑在平面布局、建筑结构及形制上，大多遵循了汉式建筑的特点。

衙署府第是中原宫廷、宅院式建筑的草原变异。布局上，建筑群遵照礼制，采取前堂后寝、轴线统领、左右对称等制度布列，并以四合院空间组织，形成丰富的空间序列。内蒙古的衙署府第建筑融满、汉、蒙、藏建筑风格于一身，这种融合大多不是体现在布局、结构、形制等方面，更多是表现在装饰和附属建筑上。

1.1.5　蒙古族现代建筑

蒙古族现代建筑主要是蒙古地区在现代生活需要的基础上，以现代工业技术为基础而兴建的新型蒙古建筑。

新中国成立以后，蒙古族建筑的发展也迎来新的阶段。这一时期所建设的以蒙古族文化为主的建筑雨后春笋般出现。其代表有呼和浩特市的内蒙古饭店、坐落于鄂尔多斯伊金霍洛旗的成吉思汗陵、以蒙古族特色旅游为契机建设的蒙古风情园，以及在城市里随处可见的类似蒙古包穹顶造型的建筑。这类建筑在工程和结构上属于现代建筑，但特殊的造型及装饰特点赋予了他们浓厚的蒙古族特点。我们称之蒙古族现代建筑。

内蒙古饭店

锡林浩特市高层居民楼

锡林浩特某办公大厦

赤峰市某酒店新式建筑

1.2　蒙式建筑特征

一、建筑类型多样化

由于内蒙古历史上，社会动荡、政治多变、制度更替频繁、宗教信仰兼容且不断发生变化，这些在建筑上的表现是建筑类型多样化；在蒙古地区，既有原生的蒙古包、敖包等建筑形式，采用简单易拆的结构；又有精致的藏传佛教建筑，采用藏传佛教建筑的土木结构，在形制上也几乎引进了相应的建筑构造，色彩上也没有做任何改变；同时汉式建筑引入蒙古后，也相应地引入和汉式的斗拱结构和砖木材料，在色彩上也同时引进，根据明清时期的形制略作变化。

二、建筑分布广泛且分散

内蒙古地域宽广，古建筑分布十分分散，凡蒙古人到达之地，都建有满足他们基本物质和精神需求的场所。以藏传佛教建筑为例，从西部的沙漠、戈壁到东部的草原、森林，都有不同规模的召庙群。

三、人与自然和谐相处的自然观

蒙古人长期过着简朴生态的生活，有着崇尚自然的宇宙观；敬畏自然，与自然和谐相处的自然观；合理取舍、永续利用的生态观，原生型建筑敖包和蒙古包就是突出代表。植入型的建筑如藏传佛教召庙建筑，在许多经堂佛殿的建造中，木构做法被简化，常有不施彩饰，直接采用不做加工的自然状木材的做法，生态质朴。

四、与周边文化广泛融合

内蒙古地区呈狭形分布，内与中原许多省份临接，外与多国接壤，带来了相应的建筑文化；如满族文化、汉族文化、藏族文化、中亚文化等。原生型建筑是一种自然生态观下的自然形构，其建筑技艺虽然理性但也粗放。植入型建筑主要呈现出技艺粗放的建造表现。

五、现代蒙古建筑民族风格强烈

在蒙古考察的过程中，课题组发现在蒙古的各个区域，具有蒙古风情的现代建筑得到迅猛发展，特别是在现代钢混结构建筑外檐上增加具有蒙式装饰纹样和色彩的现代建筑很多，而且很容易被广大市民理解和接受。如呼和浩特市大南街大昭寺附近的现代建筑群（包括多层建筑和高层建筑），随着蒙式纹样的装饰，蒙式风情一览无余；再如锡林浩特市敦刻尔克大街上的现代商业建筑，也是在外檐上装饰具有蒙古味道的建筑纹样，一条蒙式风情特色的商业街立刻显现。

1.3 蒙式建筑结构

1.3.1 蒙古包结构

蒙古包主要由架木、苫毡、绳带三大部分组成。制作不用泥水土坯砖瓦，原料非木即毛。

一、架木

蒙古包的架木包括陶脑、乌尼、哈那、门槛。

蒙古包的陶脑分联结式和插椽式两种。要求木质要好，一般用檀木或榆木制作。两种陶脑的区别在于：联结式陶脑的横木是分开的，插椽式陶脑不分。联结式陶脑有三个圈，外面的圈上有许多伸出的小木条，用来连接乌尼。这种陶脑和乌尼是连在一起的。因为能一分为二、骆驼运起来十分方便。

乌尼通译为椽子，是蒙古包的肩，上联陶脑，下接哈那。

哈那承陶脑、乌尼，定毡包大小，最少有四个，数量多少由陶脑大小决定。哈那有三个神奇的特性：

其一，是它的伸缩性。高低大小可以相对调节，不像陶脑、乌尼那样尺寸固定。

其二，是巨大的支撑力。哈那头均匀地承受了乌尼传来的重力以后，通过每一个网眼分散和均摊下来，传到哈那腿上。这就是为什么指头粗的柳棍，能承受二三千斤压力的奥妙所在。

其三，是外形美观。哈那粗细一样，高矮相等，网眼大小一致。这样做成的毡包不仅符合力学要求，外形也匀称美观。

蒙古包上了八个哈那要顶支柱。蒙古包太大了，重量增加，大风天会使陶脑的一部分弯曲。连接式陶脑多遇这种情况。八个哈那的蒙古包要用四根柱子。蒙古包里，都有一个圈围火撑的木头框，在其四角打洞，用来插放柱脚。柱子的另一头，支在陶脑上加绑的木头上。柱子有圆、方、六面体、八面体等。柱子上的花纹有龙、凤、水、云多种图案。王爷一般才能用龙纹。

蒙古包毡布的制作与结构

蒙古包中的哈那

蒙古包的毛毡

蒙古包外罩

二、裁制

由顶毡、顶棚、围毡、外罩、毡门、毡门头、毡墙根、毡幕等组成。

顶毡是蒙古包的顶饰，素来被看重。顶毡是正方形的，四角都要缀带子，它有调节空气新旧、包中冷暖、光线强弱的作用。

顶棚是蒙古包顶上苫盖乌尼的部分。每半个像个扇形，一般由三到四层毡子组成。里层叫其布格或其日布格。

顶棚裁好后，外面一层周边要镶边和压边。襟要镶四指宽、领要镶三指宽。两片相接的直线部分也要镶边。这样做，可以把毡边固定结实，同时看起来也比较美观。

围绕哈那的那部分毡子叫围毡。一般的蒙古包有四个围毡。里外三层，里层的围毡叫哈那布其，围毡呈长方形。

外罩用蒙古语叫胡勒图日格，是顶棚上披苫的部分，它是蒙古包的装饰品，也是等级的象征。胡勒图日格的腿有四个，和乌尼的腿平齐。外罩的襟多缀带子。它的领和襟都要镶边。有云纹、莲花、吉祥图案，刺绣的非常美丽。胡勒图日格的起源很早，从前一般的人家都有，后来才变成贵族喇嘛的专利。

门，原指毡门，用三、四层毡子纳成。长宽用门框的外面来计量。四边纳双边，有各种花纹。普通门多白色，蓝边，也有红边。上边吊在门头上。门头和顶棚之间的空隙要用一条毡子堵住，有三个舌（凸出的三个毡条），也要镶边和纳花纹。

蒙古包的带子、围绳、压绳、捆绳、坠绳的作用是:保持蒙古包的形状，防止哈那向外炸开，使顶棚、围毡不致下滑，在风中掀起来（可以保证其中的人的安全性）。总之，对保持蒙古包的稳固坚定和延长寿命都有很大的关系。

围绳是围捆哈那的绳子，用马鬃马尾制成。分内围绳和外围绳。

压绳也叫带子，分内压绳和外压绳。立架木的时候，把赤裸的乌尼横捆一圈的绳子叫压绳。

捆绳是把相邻两片哈纳的口绑在一起，使其变成一个整体的细绳，用骆驼膝盖上的毛和马鬃马尾搓成。

坠绳是陶脑最高点拉下的绳子。蒙古人对这根带子分外看重，用公驼和公马的膝毛或鬃尾搓成。大风起时把坠绳拉紧，可以防止大风灌进来把毡房吹走。

哈雅布琪，是围绕围毡转一圈将其底部压紧进行封闭的部分。春、夏、秋三季主要由芨芨草（枯枝）、小芦苇、木头，冬天用毡子做成的。暖季的哈雅布琪是卷成一个圆棒形的，无风时折起来放好，有风时围上。冬天用的哈雅布琪是用几层毡子摞起来做的，上面纳有花纹。

1.3.2　汉式建筑结构

原小召寺牌楼之斗拱（左）　席力图召门楼之斗拱（右上）　苏里格庙牌楼之斗拱（右下）

一、斗拱

斗拱是中国古代建筑特有的构件，由方形的斗、升、拱、翘、昂组成。是较大建筑物的柱与屋顶间之过渡部分。其功用在于承受上部支出的屋檐，将其重量或直接集中到柱上，或间接的先纳至额枋上再转到柱上。一般上，凡是非常重要或带纪念性的建筑物，才有斗拱的安置。

蒙古族召庙建筑一般为藏传佛教建筑。但与传统的藏传佛教相比，又多融入汉式建筑的一些做法。斗拱本为汉族建筑的标志性构建，因此次调研召庙建筑多建于清朝，所以可以看见斗拱的广泛应用。这正是蒙古族召庙建筑集藏、汉风格特点为一体的缩影。斗拱的构造与汉式建筑大同小异。在斗拱的装饰上多采用彩绘的装饰方法，色彩选择多为蓝色、绿色等，颜色多有渐变，有的在斗拱构件边缘绘有不同颜色的线脚。

二、翼角

“翼角”是中国古代建筑屋檐的转角部分，因向上翘起，舒展如鸟翼而得名，主要用在屋顶相邻两坡屋檐之间。中国古代的建筑多有深远的出檐。蒙古族召庙、府衙及一些纪念性建筑在屋顶翼角的形态和装饰上不同程度的沿袭了汉式建筑。翼角的装饰常用角兽、角神、蹲兽等。角兽可以防止垂脊上的瓦件滑落，还可以加固屋脊相交位置的结合部。蒙古族建筑的蹲兽多沿用汉族建筑，汉族古建筑的蹲兽个数9为最高，蒙古族古建筑中对于蹲兽的数量没有特别规定，一般为四、五只左右。

蒙古族古建筑“翼角”之形态

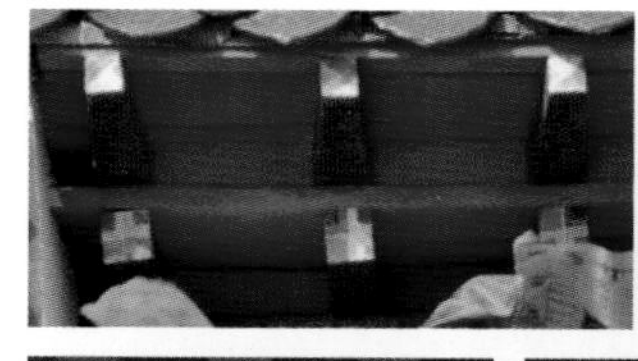

蒙古族古建筑中椽头彩绘之形态

椽是古代木构建筑的一个重要部分，它装于屋顶以支持屋顶盖材料。椽头一般裸露于外，是建筑装饰的一个重要部位。椽头彩画是汉族古建筑的传统。椽头彩画常见的形式有：寿字、宝珠（滴水宝珠，龙眼宝珠，蓝、绿、白、红各色圆圈层层相套，以圆顶为公切点）、蝙蝠、四瓣花、六瓣花、荷花、柿子花、转枝莲、宝相花等。这种椽头彩绘在蒙古族古建筑中也被大量采用。除了运用汉族建筑传统的宝珠、四瓣花、六瓣花等纹样外，还有许多自己独特的纹样，例如一些蒙文或藏文的抽象化应用。此外，在椽头彩绘颜色上的应用，所以藏传佛教经幡的几种颜色为蓝本来组合。

三、柱

蒙古族召庙及府衙建筑中的柱是很重要的元素，一方面是建筑必不可少的力学构件，承载了建筑上部荷载。另一方面也是重要的建筑装饰部位。柱的结构主要包括柱础、柱身、柱头、托木等组成。

柱础是建筑物木柱下垫的石墩。它的主要作用是承载与传递上部的负荷，还可防止地面湿气对木柱的侵蚀。柱础一般有隐于地下和凸出于地面的两部分。蒙古族召庙建筑中柱的柱础素作较多，且隐于地下部分多，露出地面较少。也有突出于地面较多的柱础，配以雕刻纹样，起到力学与装饰的双重作用。

各式蒙古族建筑柱础之形态

传统木作建筑的柱身根据其断面的形状分为方柱、圆柱、梭柱等。其中方柱的变形有抹角柱、梅花柱（讹角柱）等，圆柱的变形有瓜楞柱等样式。蒙古族召庙建筑中圆柱较多，柱身满涂红色油漆。方柱的衍生形式运用也较多，例如对于抹角柱与梅花柱的应用很常见。

柱头、托木（雀替）和梁枋结合的部位是蒙古族召庙建筑装饰的重头所在。柱头披肩由下而上雕刻或彩绘蓝色或蓝红交替的垂帐纹、金色琏珠、金、蓝、绿色莲瓣、蓝、白纸花圈子等。托木（雀替）是木作建筑中在梁枋与立柱之间的构件，可以减少梁与柱之间的剪力作用。托木的正面为红色、青色卷云，白色或青色嵌边。雀替正中常浮雕或彩绘佛、兽等图像。

蒙古族古建筑中柱头处的装饰形态

1.3.3 藏式建筑结构

从建筑形式上看，由于受西藏传统建筑和汉族殿式建筑艺术的影响，内蒙古西部地区藏传佛教的建筑形式可分为藏式、藏汉结合式二种，其中也融入了蒙古民族文化。

藏式

所谓藏式，是以西藏碉楼式建筑为立面特征，墙体用石砌或土坯砌筑，下宽上窄，收分明显，四周或单面开窗，正面采用“二实夹一虚”的处理手法，前低后高，木构架，平屋顶。沿墙高相间布置深棕色鞭玛墙和藏式窗。鞭玛墙上，按一定间距镶嵌铜镜，顶部正面中央置铜制法轮，两侧金鹿，作闻法状，金光闪烁，醒目壮观。殿前有石墩，上插旗杆，竖五色梵幡，特色鲜明。

藏、汉结合式

藏、汉结合式是比较多见的一种形式。这种形式较多地体现在对称布局的寺院中。在中轴线的空间序列上有山门、天王殿、大经堂等建筑。山门、天王殿多数采用纯汉式建筑形式，屋顶形式有歇山、硬山等形式；经堂则采取汉式歇山顶和藏式平顶相结合的屋顶形式。规模较大的召庙是由数个殿宇组合成建筑群，建筑形式上则是以藏式或藏汉式建筑其中交错设置。呼和浩特大召、席力图召、希拉穆仁召的大殿、包头土默特右旗的美岱召大殿采用的就是这种形式。

一、门头、屋顶及檐口

屋顶是藏传佛教建筑装饰的部位。一般汉藏式建筑的坡屋顶敷设布瓦，等级较高的殿顶作琉璃瓦，通常有剪边，如绿瓦黄剪边。在坡顶正脊之上安装宝塔、火焰掌，四角安套兽、铜铃，飞椽出檐，四角起翘，明快轻盈。而平顶之上布以金幢、金鹿法轮、宝塔、宝伞、布幡等装饰，琳琅满目。

贝子庙大殿

梅力更召墙面

五当召“鞭玛”墙

二、墙身

藏传佛教建筑更注重墙面的装饰，藏式建筑墙头都用深棕色的鞭玛墙带。“鞭玛”是红柳的意思，便玛墙是将红柳条扎成小束，染成深棕色剪齐，中间用垂直木根贯穿，固定在上下墙中；墙上下各有一条水平木枋，表面刻出一个个黑底白饼，称为月亮枋。墙带上常贴有铜质鎏金佛教图案和梵文，在深棕色的底上闪闪发光。由于地方材料的限制，各地区因地制宜，鞭玛墙带有不同的做法：有的墙头抹灰之后做成拉毛再涂以深棕色，有的只是砖墙涂成深棕色，其上再抹出白饼，做到了形似。

五当召经堂大门

三、门窗

经堂鞭玛墙下的藏式窗，呈纵长方形，黑色窗套呈梯形上小下大，上沿挑出窗檐，有多层小椽逐层挑出，承托小檐口，上为石板，板下挂布帏。挑出窗檐有防水及保护墙面、遮阳的作用，也有很好的装饰效果。梯形的窗套、倾斜的墙面、再加上飘动的帏，使整个墙面显得生动。经堂大门更是装饰重点，门框刻有细致的蜂窝拱（又称堆经）、莲瓣等，门扇多为版门。

阿拉善北寺（福因寺）中的藏式窗

五当召的藏式窗

四、室内空间

乌审召经堂室内布局与装饰

内蒙古地区藏传佛教建筑中经堂、佛殿的平面多为藏式，沿进深方向前面为经堂后为佛堂，有的设连廊作为过渡，形成一建筑整体，通称大殿。大殿的开间数依规模有五间、七间、九间，进深为五——九间。佛殿的进深为一、二间。经堂高一般为二层，平面呈都刚法式，即中间的三——五间为共享空间，平面不减柱，有通天柱直抵栿下。这样，在简单的平面上划分为三部分空间：左右为信众礼佛的通道，也可作为转经道，比较低矮，且光线较暗；中间是喇嘛颂经的空间，缕缕光线从高窗射入，洒向经堂中央，高敞明亮。经堂后部是佛堂，通高为二至三层，在这样窄而高的空间里供奉着高大的佛像。佛殿南侧开高侧窗，殿内较幽暗，而佛像则十分光亮，有象征“举世昏暗，唯有佛光”的神秘意蕴。从经堂到佛殿的空间，人们的心理经历了从压抑和恐惧到悠然升起一种崇敬和圣洁的变化。

经堂佛殿内壁画、彩画大部分为宗教题材。经堂佛殿内壁画、彩画大部分为宗教题材。如表现释迦牟尼、黄教始祖宗喀巴传记、佛教故事画、四大天王、十八罗汉、礼佛图等；图案如：西番莲、梵文、宝相花、石榴花和喇嘛八宝（螺、伞、鱼、瓶、花、结、幢、法轮）等；也有自然风光、河流山川、飞禽走兽、亭台楼阁、草原风貌、花卉彩云等，景物丰富多彩，人物栩栩如生。

1.3.4　现代建筑结构

现代建筑结构主要是运用砖混结构和钢筋混凝土技术建造的房屋，即使是蒙古包形状的现代建筑也大部分是采用混凝土结构。

一、砖混结构

锡林浩特市的现代建筑结构蒙古包

砖混结构是指建筑物中竖向承重结构的墙采用砖或者砌块砌筑，构造柱以及横向承重的梁、楼板、屋面板等采用钢筋混凝土结构。也就是说砖混结构是以小部分钢筋混凝土及大部分砖墙承重的结构。砖混结构是混合结构的一种，是采用砖墙来承重，钢筋混凝土梁柱板等构件构成的混合结构体系。适合开间进深较小，房间面积小，多层或低层的建筑，对于承重墙体不能改动，而框架结构则对墙体大部可以改动。

鄂尔多斯布尔陶亥苏木的砖混结构房屋

锡林郭勒盟正蓝旗正在修建的现代蒙古包

二、钢混结构

钢混结构住宅的结构材料是钢筋混凝土，即钢筋、水泥、粗细骨料（碎石）、水等的混合体。这种结构的住宅具有抗震性能好、整体性强、抗腐蚀能力强、经久耐用等优点，并且房间的开间、进深相对较大，空间分割较自由。目前，多、高层住宅多采用这种结构。但这种结构工艺比较复杂，建筑造价也较高。

框架结构住宅的承重结构是梁、板、柱，而砖混结构的住宅承重结构是楼板和墙体。在牢固性上，理论上说框架结构能够达到的牢固性要大于砖混结构，所以砖混结构在做建筑设计时，楼高不能超过6层，而框架结构可以做到几十层。

第二章　蒙式建筑符号及其体系

2.1　蒙式建筑符号

符号是指一个社会全体成员共同约定的用来表示某种意义的记号或标记。来源于规定或者约定俗成，其形式简单，种类繁多，用途广泛，具有很强的艺术魅力。

建筑符号一般是指在建筑上使用的各种形式语言，不仅仅包括建筑外形、结构、材料，还应该包括建筑装饰纹样、图案，建筑色彩、建筑室内构造和各种能够被感知的建筑构件等。如蒙古包中的哈那、陶脑、乌尼等建筑构件的造型和结构、材质等，蒙古包的外形、毛毡以及室内的圆形布局，还有装饰图案、色彩及搭配等各种建筑部件相关的造型符号。

对于蒙式建筑来说，蒙式建筑符号应该分为狭义的和广义的内涵。根据上述关于“符号”概念的界定，广义的蒙式建筑符号应该是在蒙古境内建筑上使用的各种装饰图案、纹样、造型、构造、材质、色彩等均是蒙式建筑的符号；狭义的蒙式建筑符号应该是能体现蒙古族文化特色的蒙古建筑造型符号，特别是能够被蒙古族人民和全国人民认可或能感知的具有蒙古文化内涵的建筑造型符号。

就广义的蒙式建筑符号而言，前面文章提及的蒙汉、蒙藏、蒙满结合的各种建筑形式语言都可以作为蒙式建筑符号的一部分；但从狭义的角度来说，最能体现蒙式建筑符号的还是蒙古包、敖包等蒙古族原有文化内涵的建筑符号更适合称为“蒙式建筑符号”。本研究中，采用狭义的“蒙式建筑”为研究重点，重点研究最能代表蒙式文化内涵的建筑符号。

2.2　蒙式建筑符号体系

在前面论述蒙式建筑符号的基础上，可以发现，任何一个民族的建筑符号都不是零散的出现，而是有组织、有体系的出现，不但有一系列的符号体系存在，更重要是在这一系列符号体系之后是一个民族的文化内涵。由此可以看出，蒙式建筑符号只是形式，而蒙古民族文化内涵才是这些符号的内容。

因此，本研究构建了蒙式建筑符号体系的构架图。

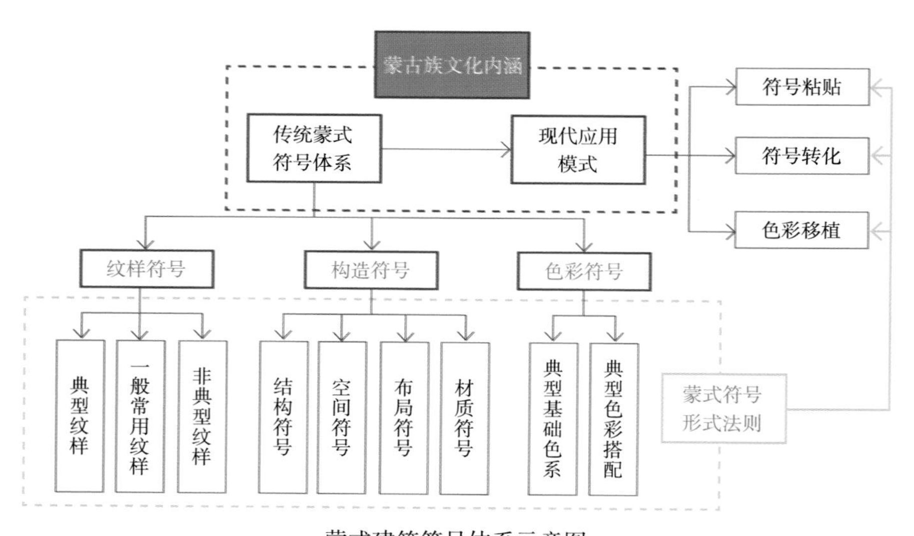

蒙式建筑符号体系示意图

2.2.1　蒙古族文化内涵的内在支撑

蒙式建筑符号只是形式，其根本内容还是蒙古民族自己的游牧文化或草原文化。正因为蒙古文化是流淌在蒙古民族身体的精神存在，才可以肯定传统的蒙式建筑符号体系能够在新的时代下转换为新时代的蒙式建筑符号体系。因为只要蒙式文化内涵不变，形式上的变化只会丰富和发展蒙式文化，而不会破坏和抛弃精神内涵。

蒙古文化是草原文化的主体，是中国当代文化的有机组成部分，也是中华文明长期保持多元内在气质所必需的重要物质和精神财富之一。草原文化是指世代生息在草原地区的先民、部落、民族共同创造的一种与草原生态环境相适应的文化，这种文化包括草原人们的生产方式、生活方式以及与之相适应的风俗习惯、社会制度、思想观念、宗教信仰、文学艺术等，其中价值体系是其核心内容。

蒙古族传统哲学是蒙古民族智慧的集中体现，代表了蒙古民族理论思维的最高水平。蒙古族传统哲学从历史的纵向上可分为三个阶段，即以“长生天”为代表的天命论占主要影响阶段，汉族儒家思想影响阶段和喇嘛教哲学影响阶段。“长生天”观念是成吉思汗哲学思想的核心，也是他所建立的蒙古帝国的思想基础。

2.2.2　蒙式建筑符号体系的三个方面

根据前文对蒙式建筑符号的分析，蒙式建筑符号体系应包含三大方面。

首先是蒙式建筑中的装饰纹样符号体系，这一符号体系主要是蒙式建筑上的所有建筑装饰纹样、图案等；

其次是蒙式建筑的构造符号，这一部分主要是已有（传统）蒙式建筑的建筑结构、建筑构件、建筑材质、建筑空间及布局等建筑元素符号，由于传统蒙式建筑构造的独特性，这一部分构造符号自成体系，最具特色；

最后是蒙式建筑的色彩体系，对于色彩的应用，不同的民族有不同的认知和见解，不同的色彩爱好更是反映出不同民族在不同的生活方式下对世界、自然的理解不同，考虑到蒙式建筑色彩在搭配和使用上有自己独特的特点，这一带有蒙古风味的色彩利用体系也是蒙式建筑符号体系的重要组成部分。

2.2.3 蒙式建筑符号的造型法则

既然是建筑符号，那么就应该符合符号的使用和演变法则，蒙式建筑符号也不例外。对于蒙式建筑符号的三种不同符号，在使用上也有一定的特点。

一、符号的平面化利用

任何符号最终都可以平面化，只要是视觉的符号，都可以作为平面的图形处理。因此，建筑符号一旦平面化以后，就可以使用在任何一个平面上。既然能使用在一个平面上，那么作为三维立体的建筑，不论是建筑外空间，还是建筑内空间，只要有面的地方，建筑符号均可以使用。这种使用的法则就可以简单称之为“符号的平面化利用”。

如车轮本来是三维的实体，但是可以简单地处理为车轮的图形，从而可以将这一图形使用在所有需要的地方。如下图所示，车轮一旦平面化，应用的领域和方法将会大大扩大。呼和浩特市蒙古风情园成吉思汗纪念堂的弓形造型，也采用了三维实物平面化的处理手法。

车轮的图案化及其转化应用

哈那和盘长纹之间隐约的联系和韵味

成吉思汗纪念堂的“弓”造型

二、符号的三维转化

同样，任何二维的符号都可以转换为三维的实体。最简单的转化就是图形的直接实体化。

同时，也可以对图案做适当变化的三维化，如下图所示的同样是弓的造型，在三维实体化的过程中，可以产生不同的三维造型实体，在对比上图成吉思汗纪念堂的平面化弓的造型，可以看出，图形符号在二维和三维之间的转换可以有多种可能性。

还有一种就是对三维实体事物的平面化，然后在平面化的基础上再三维化，从而完成从三维到三维的抽象转化。这也是符号的三维转化形式。

呼和浩特市昭君墓围栏上的装饰

蒙古风情园中的弓箭路灯

呼和浩特市昭君墓路边的神兽雕塑

三、色彩的语意移植

色彩是有自己独特的语言的，而且色彩不同于造型，造型所表达的含义在形态变化的过程中会产生不同的变化，甚至造型上的局部一点小改变，都能引起造型含义的变化。但是色彩不需要担心造型的变化，只要色相、比例、搭配不变，任何形态使用同一色彩搭配，都能产生相似的语意和含义。因此，使用色彩的移植是最简便的一种造型转移方式。

如下图所示的不同结构、不同造型、不同材质，但是相同配色的建筑，在感觉上很容易让人联想起蒙古的蓝天白云，极具蒙古特色。

极具蒙古特色的蓝白色彩搭配

四、造型语言的通感

通感修辞格又叫“移觉”，就是在描述客观事物时，用形象的语言使感觉转移，将人的听觉、视觉、嗅觉、味觉、触觉等不同感觉互相沟通、交错，彼此挪移转换，将本来表示甲感觉的词语移用来表示乙感觉，使意象更为活泼、新奇的一种修辞格。

在造型语言中，同类形态也可以使用类似于修辞学中的“通感”来构建新的形态，而且这种跨越式的创新构造往往能够产生全新的形式语言和思路，起到令人意想不到的结果。

下图所示为蒙古族女子帽子的造型和装饰手法，通过对帽子的造型及细部形态的提取，最终可以发现鄂尔多斯大剧院建筑的整体形态和韵味都同帽子很相似，达到蒙式文化元素的“通感移植”。类似的建筑在内蒙古地区还有发现。

鄂尔多斯大剧院与鄂托克旗广电局大楼

2.2.4　蒙式建筑符号的应用模式

对于现代蒙古建筑的设计与创新来说，既要保证现代蒙古人们生活质量和水平的提高，又要满足蒙古人的生活习惯，体现蒙古特色，那么，传统蒙式元素的现代化应用必不可少。

首先，找到能够体现蒙式文化内涵的蒙式符号体系；

其次，通过对已有（传统）蒙式建筑符号的转化利用，移植到现代蒙式建筑上来。

根据蒙式建筑符号的使用法则，可以推导出蒙式建筑符号的现代化应用模式。

一、符号的直接粘贴利用

可以使用典型具有蒙式风味的造型符号，直接平面化作为图案形式装饰到现有建筑外立面或室内，这样的建筑很快就能体现蒙式特色。

这一利用方式的优点就是简单、易操作，只要有蒙式建筑纹样库，就可以直接从纹样库中提取纹样，直接使用。但是缺点就是只是对建筑的表面装饰，没有真正从内涵上对现代建筑做任何创新设计，只能继承，不能发展，更不能适应现代人的生活需求和更高层次的审美需求。

二、符号的吸收转化利用

这个可以通过对传统蒙式建筑符号的研究、抽象、转化，特别是利用平面符号三维化、造型语言“通感”的手法，留住蒙式元素的内涵和神韵，从传统的造型符号中创新设计出新的一系列符号，从而达到既保护传承传统蒙式建筑造型符号，又创新的现代蒙式建筑造型元素。

这一利用方式的优点就是既保护传承，又创新开发，推动蒙式建筑造型符号的发展，创造新的蒙式要素和文化内涵。缺点就是需要投入大量的时间和智力整理归纳蒙式符号，创造新的蒙式符号。但是总的来说，对传统文化的创新是满足人们日益发展的生活需求和审美需求的必然，因此，这是值得探索的一条道路。

三、色彩的语意移植

对于色彩来说，语意移植利用是简单而又容易达到效果的一种方式。同样的色彩搭配，在不同的建筑上使用，能够达到语意、情感的转移，可以使蒙式文化内涵快速移植到现代新建筑上来，可以说这是发展现代蒙式建筑的一个重要思路。

这一利用方式的优点是简单易掌握，容易达到效果；缺点就是需要深入研究蒙式风格的色彩搭配手法，总结蒙式特色的色彩利用方式。

2.2.5　纹样符号

纹样，是一种花纹图案。主要题材分为自然景物和各种几何图形（包括变体文字等）两大类，有写实、写意、变形等表现手法。

纹样主要分为自然景物和各种几何图形（包括变体文字等）两大类。设计纹样不仅题材要新颖、艺术上要灵活变化，还要结合事物组织结构特点、制造工艺和用途等因素。中国传统的丝绸纹样是中华民族文化艺术的组成部分之一，反映了典雅的东方艺术特点。

一、单独纹样

是以一个花纹为独立单位，不与其他花纹发生连续排列的关系。这样纹样的构成内容极为丰富，其中最基本的形式是以边缘轮廓纹样、角隅纹样和中心纹样综合而成，主要用于各种日用装饰等。当花纹为对称时，可以只画二分之一，省去对称部分。根据花纹在纹样中的分布程度又可分为清地纹样（花纹占纹样面积约四分之一，其余为地纹）、满地纹样（花纹占纹样面积约四分之三）和混地纹样（花纹和地纹各占纹样面积二分之一左右）。

二、连续纹样

盘长纹样的连续

是以一个花纹为单位，向上、下或左、右两个方向或四个方向作反复连续排列。两个方向连续纹样简称二方连续纹样，常用于裙边、花边、床罩、台布框边等；四个方向连续纹样简称四方连续纹样，常用于服装、沙发面料或窗帘等。连续纹样又有几何形连续、散点形连续和缠枝连续等。

二方连续纹样是指一个单位纹样向上下或左右两个方向反复连续循环排列，产生优美的、富有节奏和韵律感的横式或纵式的带状纹样，亦称花边纹样。

四方连续纹样是指一个单位纹样向上下左右四个方向反复连续循环排列所产生的纹样。这种纹样节奏均匀，韵律统一，整体感强。

圆适几何纹的连续

2.2.6 构造符号

构造符号主要有结构符号、空间符号、布局符号和材质符号等。

一、结构符号

成吉思汗陵的外轮廓符号化

结构符号在建筑中主要指建筑的结构、独特构件形成的造型符号，如蒙古包本身就是一个结构符号，同时蒙古包内的哈那、陶脑、乌尼等构件也因为形态的独特性作为造型符号存在。

还有一种结构符号是随着建筑物本身极具特色而产生。如成吉思汗陵本身是建筑形式，由于其建筑造型的独特性，最终使得成吉思汗陵建筑本身也成为一种符号。如果仅看成吉思汗陵本身不会有图形化的符号语言产生，但是设计师通过视觉手法将成吉思汗陵建筑平面化处理后，使得成吉思汗陵建筑形成一个独特的建筑构造符号。因此，建筑结构符号会随着建筑本身的发展而不断地发展，形成越来越多的符号形式。

二、空间符号

空间符号分为室外空间符号和室内空间符号。

如天际线、草原、公路、河流等就可以作为空间符号的一部分，而具有蒙古特色的天际线、自然造型、人造形态等均可以成为空间符号的一部分。

室内空间符号主要是蒙古包的室内圆形空间、陶脑的圆形顶部等，都可以让人联想起“圆形”的空间符号等。

成吉思汗陵内的蒙古包

蒙古包的陶脑

三、布局符号

布局是一种对空间格局划分的一种结果。蒙式建筑布局主要是蒙古包的室内布局和大型府邸的庭院布局等。最具代表性的还是蒙古包的特色空间布局，对圆形空间的划分充分体现了蒙古人民的生活方式和起居习惯。

四、材质符号

羊毛、木材和石材的材质质感

材质主要是用于建筑上的各式材料，木材、石材、金属、毛料、布毡等各式材料所带来的独特感受。

相对于其他建筑而言，蒙式建筑留给人们最大的材质符号特征就是木材和毛毡材料。

2.2.7 色彩符号

丰富多样的颜色可以分成无彩色系和有彩色系两个大类，有彩色系的颜色具有三个基本特性：色相、纯度（也称彩度、饱和度）、明度。在色彩学上也称为色彩的三大要素或色彩的三属性。饱和度为 0 的颜色为无彩色系。

彩色是指红、橙、黄、绿、青、蓝、紫等颜色。不同明度和纯度的红橙黄绿青蓝紫色调都属于有彩色系。有彩色是由光的波长和振幅决定的，波长决定色相，振幅决定色调。

色彩同样能作为蒙式建筑的符号，而且蒙式建筑中用色有其自己独特的民族特点。可以从蒙古的“吉祥五色”中窥得一斑。这一部分内容将在后续的章节中专门说明。

2.3 蒙式建筑纹样符号研究

2.3.1 蒙式建筑纹样符号调研情况

人们把一切器物的造型、色彩、纹饰的总体设计称为图案。蒙古族图案是一种古老的装饰图案，其历史可以追溯到远古时代的石器时代。在那时的岩画或石刻创作中，它以图腾的形式出现，随着现代文明的延续和展现、锤炼和创新使这一艺术形式越来越趋于成熟。它以特有的民族语言和装饰风格给我们带来了对美好生活的无限向往和精神上的极大寄托。

蒙古族有着丰富的具有民族特点的装饰图案符号。同时，它还受到藏传佛教、中原文化的广泛影响。所以在项目调研过程中，我们发现在蒙式建筑装饰中，存在着传统蒙式、藏式、汉族等装饰纹样集中使用、混合使用的现象。所以，在题材选择上，蒙古族传统的装饰纹样有福、禄、寿、喜、盘长、八结、方胜、云纹、龙、凤、法螺、佛手、宝莲、宝相花、回纹、万字纹、寿字纹等。其中的法螺、佛手、宝莲、宝相花、盘长等八宝图案都与佛教有关。在图案纹样色彩的运用上，传统的蒙古族装饰图案多采用白、黄、绿、红、蓝吉祥五色，这与建筑色彩是相契合的。

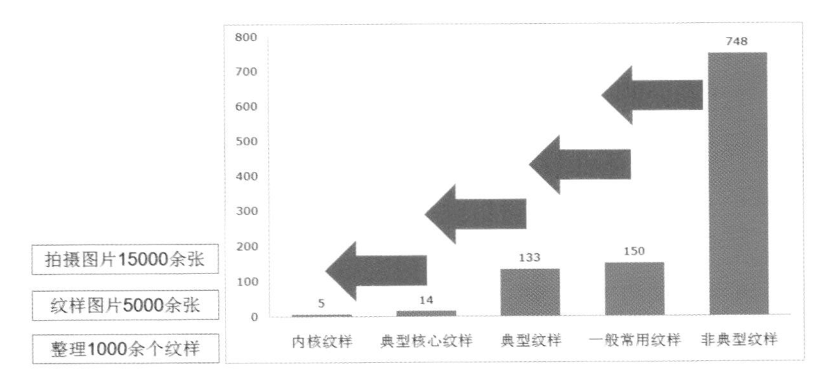

装饰纹样采集过程

通过近两年在内蒙古自治区境内的多次调研，项目组采集到了大量的蒙式建筑图片素材，包括了毡庐（蒙古包）、佛教建筑、府衙建筑、城市现代建筑、现代民居等多类型的建筑。图片素材达 15000 张。在 15000 多张图片中，有建筑纹样照片近 5000 张，在这 5000 张照片中项目组进行了建筑装饰纹样的提取，提取出 1100 多张纹样图片。经过对提取出的 1100 张纹样的逐一识别，分别整理出三类不同的蒙式建筑纹样。其中第一类是典型的、能代表蒙古特色的建筑纹样。这一类纹样有 145 个，约占统计纹样的 13%。第二类是一般常用的蒙式建筑纹样，在这里可以称之为“次典型”的蒙式建筑纹样。这一类纹样有 155 个，约占统计纹样的 14%。第三类是非典型纹样，或者说是国内通用纹样。这一类纹样占比 71%，有 784 个。

因此将蒙式建筑装饰纹样分为通用装饰纹样、常用装饰纹样、代表性装饰纹样。其中将代表性装饰纹样提炼为十四个典型核心纹样，其中有五个内核纹样，简称“五核十四式”。蒙古族传统装饰纹样大部分是由这“五核十四式”组合、衍变而来。

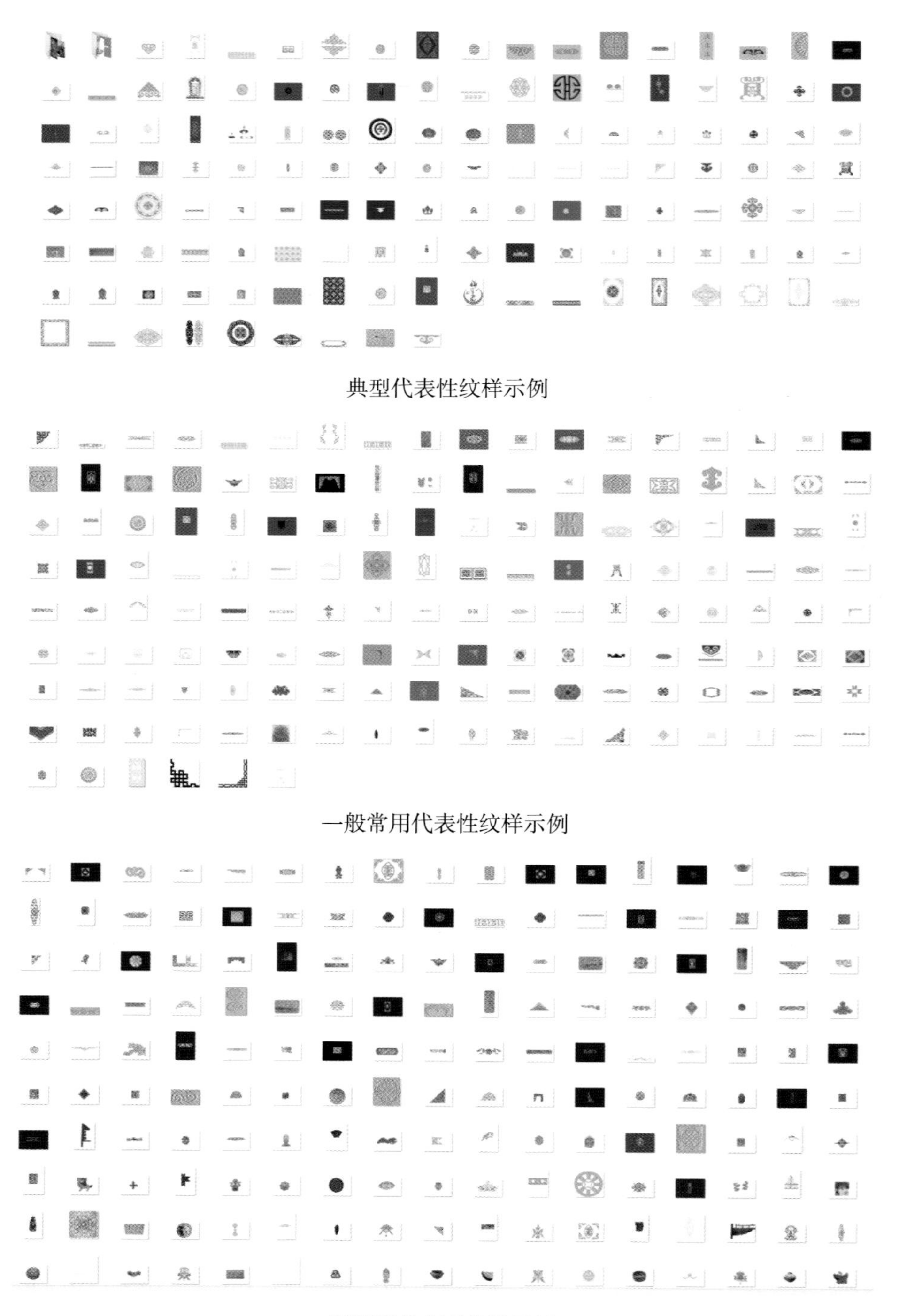

典型代表性纹样示例

一般常用代表性纹样示例

通用型非典型纹样示例

2.3.2 蒙式建筑典型纹样符号——五核十四式

在典型性纹样中，根据调查研究的结果，又发现了这145个纹样具有关联性，通过对相似归类原则，这145个纹样可以逐步归类为不到20个类别，特别是有14个纹样最为集中，可以变化衍生出其他近100余种典型纹样。根据研究，将最具代表性装饰纹样提炼为十四个典型核心纹样，其中有六个纹样其衍生类型最多，但是能够衍生15种以上纹样的“十相自在”图案，由于其首先是藏传佛教的典型图案，因此，就最核心的蒙式纹样而言，可以认为有五个最为内核纹样，因为这五个内核可以衍生出近100种其他纹样。因此，研究提出“五核十四式”是蒙式建筑纹样中最核心的代表性纹样，是核心中的内核纹样。蒙古族传统装饰纹样大部分是由这“五核十四式”组合、衍变而来。

“五核十四式”的代表纹样是对蒙古族建筑装饰中最常用的、最能代表蒙古族特色的纹样的抽象与提炼。蒙古族传统的、本土的装饰纹样，基本都是由“五核十四式”组合衍变而来。所谓“五核”指的是哈木尔纹样、盘长纹、T形纹、圆适几何纹和卷草纹。

蒙古族建筑装饰纹样中的“十四式”除去以上所说“五核”外，还包括日月火图案、苏勒德图案、车轮图案、十相自在、卍字纹、回形纹、蒙文图形、奔马图形、弓形图案。这九种图案均是蒙古建筑中使用频率很高的装饰纹样。

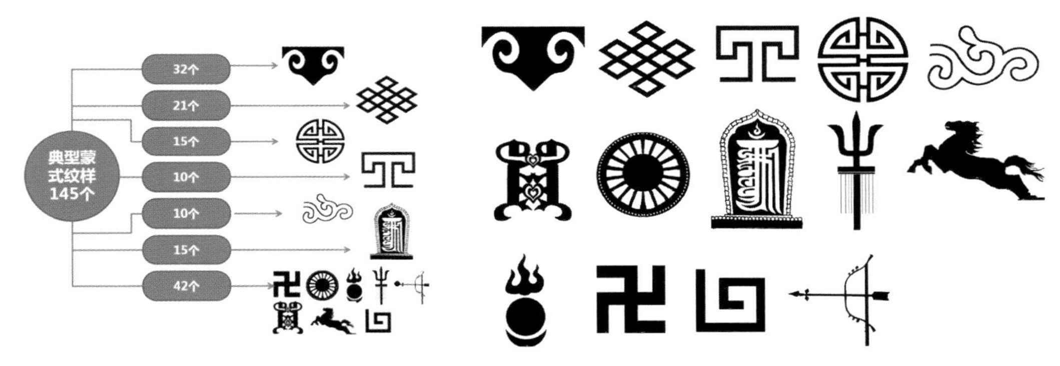

蒙式建筑纹样中的五核十四式

一、哈木尔

哈木尔基本形及衍生纹样

哈木尔是蒙古族图案的核心要素，在蒙古族建筑及器物上几乎随处可见。哈木尔可单独运用，或与其他纹样一起使用。哈木尔图案的造型与牛鼻子相似，并且民间流传着“有一头牛嗅拱洁白的蒙古包而印出牛鼻子印，”因此得名的传说。哈木尔图案与汉族的如意云纹图案相似。哈木尔图案在逐渐演变过程中，一部分的变体与羊角造型相似，而此演变也契合蒙古族本身的“羊”文化。

根据对收集到的哈木尔相关纹样的整理，作为基本形的哈木尔至少能衍生出32种以上的哈木尔衍生图案用于不同的场合和形态，体现出蒙古族人们对哈木尔图案的崇尚和喜爱。这一吉祥的图案也的确使用在蒙古族人民建筑、家具、生活的方方面面。

衍生的法则主要有以下几种：基本型的变形、对称、重复、圆形适合、方形适合、切分、图底翻转、打散重组、与方形重组、边框化等。通过不同的变形法则，哈木尔表现出惊人的图案衍生能力，这与研究调查过程中看到的实际建筑应用是吻合的。

二、盘长纹

盘长纹是蒙古族应用最广泛的传统装饰纹样，蒙古语称之为“乌力吉一乌塔斯”。盘长纹最早来源于藏传佛教的“佛教八宝”之一的盘长。佛教用它来表示佛法“回环贯彻，一切通明”。随后又传入中原，被称为“吉祥结”，甚至与中国结一脉相承。虽被多民族所使用，但盘长有着深刻的蒙古族烙印。在内蒙古大地上随处可见，已经成为一种象征性的符号语言。它交错迂回，连绵不断，常被人们作为诸事顺利、恒长永久、生生不息的象征，传达出福禄承袭、寿康永续、财富源源，以及爱情常在、幸福绵长等美好的愿望，十分恰当地反映出蒙古族的吉祥观与世界观。

盘长纹基本形及衍生纹样

根据对盘长纹的收集整理，同样可以发现盘长纹基本形可以演变出至少21种衍生形，有用于以中心为构图的图案，有直接演变为边饰、边框的图案，还有演变为抽象几何纹的衍生形。蒙古族人们对“恒长永久、生生不息”的美好愿望都融入对盘长纹的喜爱和衍生利用上。

三、T形纹

T形纹在蒙古族装饰纹样中较常见（又称回形纹，蒙语成为“阿鲁哈”），它一般是将单体纹样经过二方连续衍生为相互咬合、绵延不绝的图案。一般作为建筑、服饰、日用器物的边饰，也可作为适合纹样的边饰。

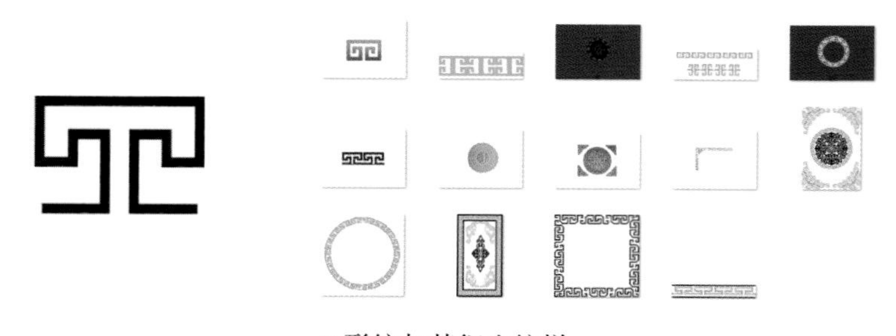

T形纹与其衍生纹样

圆适几何纹及其衍生纹样

T形纹作为核心纹样，同时演变出众多的衍生形，既可以演变为圆形边饰，也可以变化为方形（矩形）边饰，还可以演变为独立纹样，足见蒙古族人们对T形纹的喜爱，是蒙古族使用的最多的纹样之一。

四、圆形适合纹（普斯贺）

“对圆的崇尚成了蒙古族独特的生活哲学”。圆形是蒙古族人民对太阳的崇拜产生的图案，在蒙古族的生活中有很多圆形适合纹图案。在蒙古族建筑装饰纹样中，有一部分圆适几何纹样。这类纹样也是我们通常所说的圆形适合纹样。例如圆形内的回形纹、文字变体、牛鼻子纹变体。圆形适合纹可以产生至少15种以上的衍生形。

因为就蒙古包而言，本身就是圆形，而圆形适合纹可以用在蒙古包的装饰上，以及室内的地毯装饰上。在建筑门窗上也能看到这一类纹样的使用。

五、卷草纹

卷草纹不是蒙古族特有图案，但根据元大都遗址考察的结果，蒙古族使用植物作为纹样有着久远历史。元大都遗址废墟上的植物纹样多为花草，且比较具象。随着卷草纹的不断衍变，蒙古族现在使用的卷草纹较抽象，多表现植物蔓延的姿态，委婉多姿，富有流动感和连续感，优美生动，具有连绵不断的韵律感。卷草纹也是衍生变化的比较丰富的纹样之一，根据收集的资料，卷草纹至少可以产生10种以上衍生纹样。卷草纹经常与盘长、哈木尔、方胜等图案穿插卷曲在一起，故有生生不息、千古不绝、万代绵长的意义。

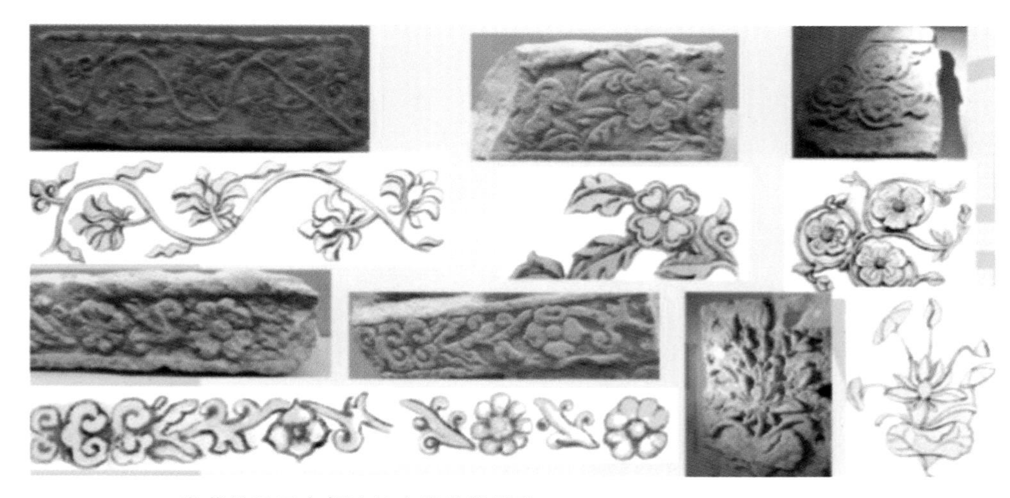

卷草纹及元大都遗址中卷草纹提取

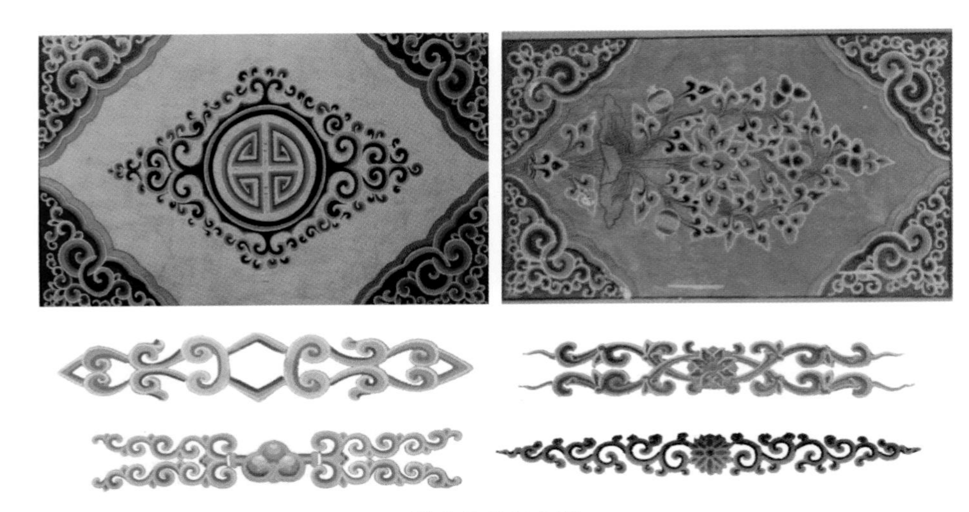

卷草纹的衍生形

六、日月火

日月火图案最上方是火，蒙古人信奉火神，视火为吉祥和兴旺的种子。图案上 3 个火舌表示过去、现在和未来，丰盈的意志都不可熄灭。火团下面是太阳和月亮，是蒙古人民传统的象征物——长生天，太阳和月亮（也有一说代表父亲和母亲）。火与日、月三者结合，显示民族繁荣昌盛，蒸蒸日上。

日月火图案

七、苏勒德

苏勒德是在古代用于指挥战争的军旗，在蒙古人心中同时也是权力的象征。成吉思汗留下来的苏勒德长枪现在还在草原上被拿来年年的祭祀，其仪式极其庄严和神圣，同时还带有通天和通神的象征，在目前的蒙古地区还有在门前立苏勒德长枪的风俗。

苏勒德及其变化

八、车轮

勒勒车在蒙古族人民游牧生活中扮演着重要的角色。蒙古战车的车轮形式与勒勒车车轮近似。随着蒙古族人民生活的定居化，蒙古族传统的车轮逐渐失去使用意义。而车轮的形式逐渐演变为一种装饰符号存在于现在的生活中。

九、十相自在

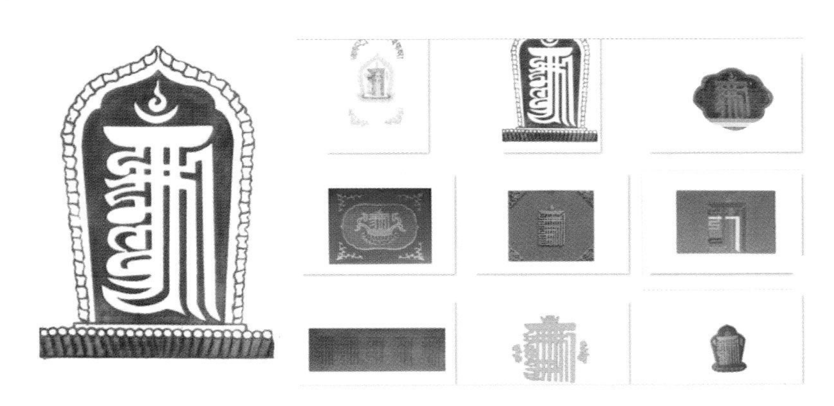

“十相自在”及其衍生变化

“十相自在”是藏传佛教中重要的一个图案。 其意为所在之处吉祥圆满、眷属和睦、身心安康、去处通达、所求如愿。在蒙古族的日常生活中，我们随处可见这种藏传佛教的痕迹。藏传佛教文化已经成为蒙古族文化不可分割的一部分。

“十相自在”因为在蒙古地域使用极其频繁，因此也演变出 10 多种不同形式的衍生形，但是由于“十相自在”是藏传佛教的标志性图案，因此，该图案是蒙古地区代表性图案，但是不能作为蒙式建筑纹样的核心图案。

十、“卍”字纹

“卍”字纹，中国古代传统纹样之一。万字纹即“卍”字形纹饰，纹饰写成“卍”为逆时针方向。“卍”字为古代一种符咒，用做护身符或宗教标志，常被认为是太阳或火的象征。“卍”字在梵文中意为“吉祥之所集”，佛教认为它是释迦牟尼胸部所现的瑞相，有吉祥、万福和万寿之意，唐代武则天长寿二年（693年）采用汉字，读作“万”。用“卍”字四端向外延伸，又可演化成各种锦纹，这种连锁花纹常用来寓意绵长不断和万福万寿不断头之意。

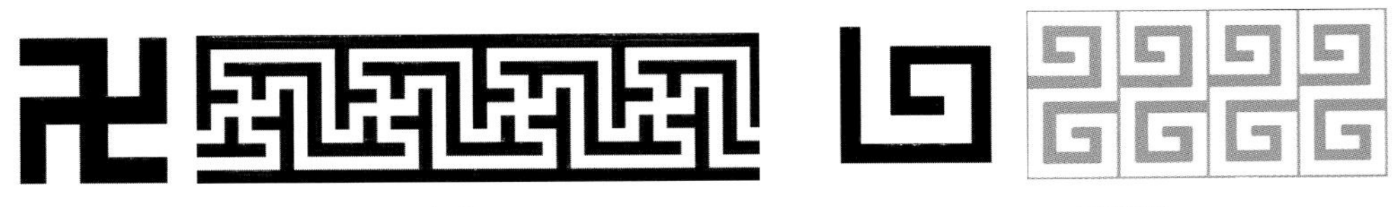

“卍”字纹　　回形纹

十一、回纹

回纹并不是蒙古族特有的纹样，但在蒙古族的装饰中应用广泛。和万字纹、T 形纹一样，也是通过二方连续的衍变，形成绵延不绝的图案作为边饰。例如蒙古包外墙上沿或下沿的装饰。

十二、蒙文图案

蒙文文字的图案化作为一种装饰符号广泛应用于蒙古族建筑装饰中。与汉字的“囍”一样，除了文字意义，更多的是符号化的图案装饰意义。

同时蒙文字母或蒙文文字本身也可以图案化，作为蒙式风味的图形使用。

蒙文图案　　不同的飞马形态

十三、飞马图案

蒙古族被称作马背民族，有着独特的蒙古族马文化。在蒙古族传统及现代建筑中，经常可以看到直接用马作为一种图案进行装饰。而且一般采用奔跑中的马的形态，与蒙古族骁勇、奔放的民族性格相得益彰。

十四、弓形图案

弓箭是蒙古民族的象征，作为一种图形语言，也与蒙古族有着不可分割的联系。特别是调研中，非蒙古族人对蒙古感官印象中，认为“弓箭”代表着蒙古的特色，是具有符号化的含义。

蒙古地区不同的弓箭形态

2.3.3　蒙式建筑常用（次典型）纹样符号

除去上文所述的 14 种蒙古族核心的装饰纹样，我们从所调研建筑中提取了一大部分出现频率较大的图案及纹样。这类纹样虽不是蒙古族传统的、核心的纹样，但在蒙古族建筑中随处可见。我们将这类图案与纹样归纳为蒙式建筑常用装饰纹样。

古代原始部落迷信某种自然或有血缘关系的亲属、祖先、保护神等，而用来做本氏族的徽号或象征。原始民族对大自然的崇拜是图腾产生的基础。远古的图腾与后来的图案纹样文化有着一脉相承的关系。

这一点，我们从图案及纹样的原始素材可以看出。蒙古族远古的图腾是“苍狼白鹿”，直到今日，我们仍可以从器物上看到类似的装饰图案。蒙古族崇尚自然，所以蒙古族的装饰图案与纹样很多来源于自然。我们按照装饰纹样的来源对蒙式建筑常用装饰纹样进行分类。

一、常用植物纹样

蒙古族依赖大自然从而敬畏大自然，崇拜大自然，祈求大自然，祈求大自然的神灵消灾降幅。植物纹样主要包括花草纹、树叶纹、花朵纹、幼芽纹、花瓣纹、树形纹、叶子纹等。

常用植物纹样示例

二、常用几何纹样

几何纹样是将自然纹样、吉祥纹样及其他纹样图案化、几何化、简约化、模式化。蒙古族图案中的几何纹样，是应用点、线、面的变化所组成的图案。这些纹样来源于对自然形象的摹拟和物象的升华与抽象，比如蒙古包的图形、车轮的旋转、河中曲折的激浪、蓝天上的云朵、田野中盛开的花朵等，都是牧民在长期劳动和生活实践中观察和凝练的结晶。他们以圆形、方形或三角形等为基本形，通过90度或60度的交错组合并加入方格及圆弧等，从而创造出各式各样多角形的图样。通过把基本形做多角度、多方位的旋转、挪置、套叠、纽结等，再衍生出更为复杂多样的图形。

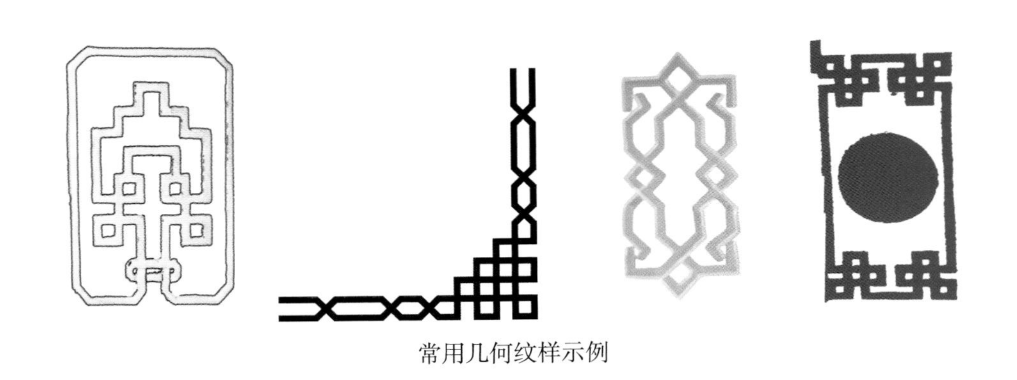

常用几何纹样示例

三、常用宗教图案

受佛教文化的影响，蒙古族日常生活中有很多宗教装饰图案的应用。常用的有佛教的八吉祥等。所谓八吉祥是法螺、法轮、宝伞、白盖、莲花、宝瓶、金鱼、盘长八种宝物，又称“八宝”。八吉祥是佛教传说中的宝物，由象征吉祥的八种器物组成，北京《雍和宫法物说明册》称：

法螺：具有吉祥果的妙音，表示佛音吉祥，是好运的象征。

法轮：表示佛法圆轮，生命不息之意。

宝伞：表示开闭自如，覆盖、保护众生之意。

白盖：遮覆大千世界，净一切药，解脱大众病贫的象征。

莲花：出淤泥而不染，是圣洁的象征。

宝瓶：表示福智圆满，且无漏洞，有成功和名利之意。

双鱼：表示结实活泼，解脱、避邪之意。

盘长：表示回贯一切，是长寿和无穷尽之意。

法轮与盘长可见于蒙古族人民日常生活当中，在现代建筑中也经常用到。其余图案多用于召庙建筑。

宗教图案示例

四、常用组合纹样

指由两种及以上的纹样组合而成的新的纹样。这一类图案在蒙式建筑纹样里也占有一定数量，而且图案的组合是对原有单一图案造型的丰富，对丰富蒙式建筑图案和使用起到了积极的作用。

组合纹样示例

2.3.4　蒙式建筑通用纹样符号

一、通用的装饰纹样

蒙古族是一个文化开放的民族，他们善于汲取其他民族中优秀的文化并为已用。在漫长的历史长河中，蒙古族人民长期与中原、藏族、伊斯兰民族等地域进行文化交流，尤其是与汉族、藏族的文化融合，对蒙古族自身文化的发展影响较大。

蒙古民族在和汉族长期互相交往中，吸收了不少汉族高度发展的文化和优秀传统图案。蒙汉民族自古以来就有着文化往来，在现实生活中，经常可以看到"寿"、"梅"、"兰"、"蝙蝠"和一些吉祥图案，还有牡丹纹样、莲花纹样。龙凤图案在蒙古族中使用得更为广泛，从大大小小的召庙到日常生活的各种用品，都用龙凤图案。人们认为这是美好事物的代表，是天上的神物，所以蒙古族人民把自己最喜欢的东西都用龙的图案作为装饰，如银碗、蒙古刀、护书夹板、鞍桥等等。各类召庙中的柱子、木器家具、各种建筑物等，也多用龙的图案加以装饰。

十六世纪以后，内蒙古的文化表现出某种程度的发展。喇嘛教传入，到明末，不少寺院在内蒙古地区出现，从西藏来的嘛喇僧散布在各地寺院之中。随着喇嘛教的传入，带给蒙古人民以一定的佛教文化，如医学、药物、历法、建筑艺术与美术等。这些东西对于进一步丰富蒙古族文化，有其一定的作用。通过宗教文化的传入，一些宗教图案在民间得到广泛地流传。随着历史的发展，我们不再会刻意地区分这些图案到底是哪个民族的，例如，我们很难说藏族的吉祥结与蒙古族的盘长不无关系。这种文化的不断交流与交融，才逐渐形成蒙古族装饰图案的文化现状。

二、通用的装饰纹样分类

按照装饰纹样的来源对蒙式建筑常用装饰纹样进行分类。

（1）植物纹样

通用纹样中的植物纹样是指汉、蒙及其他民族通用的植物纹样，其中包括莲花、兰花等具有较好寓意的植物。

通用的植物纹样示例

（2）动物纹样

动物纹样示例

蒙式建筑装饰纹样中，动物纹样主要包括龙纹、鱼、五畜（牛、马、山羊、绵羊、骆驼）、鸟、兽（狮子、老虎、狼）等。它大都以具象化的形态出现。其中狼、马属于具有蒙古族属性的动物纹样，属于图

几何纹样示例

腾文化残余表现的动物形象。从它们身上折射出早期蒙古族祖先化身信仰及图腾崇拜的民族心理。

蒙式建筑通用纹样中的动物纹样多受到汉族文化的影响。例如龙、凤等这类汉族典型的装饰纹样也广泛应用于蒙古族建筑装饰。

（3）几何纹样

通用纹样中的几何纹样多见于汉式建筑中门窗的装饰。另外还有一些墙体排砖的装饰。这类几何纹样与汉式建筑基本一致。

（4）宗教纹样

通用纹样中的宗教纹样基本来自佛教图案。主要包括以壁画形式出现的装饰图案，还有从吉祥八宝中抽象或者截取出来的一些装饰纹样。

2.4　蒙式建筑构造符号研究

根据前文的分析，蒙式建筑构造符号，主要是指有蒙古特色的建筑结构、空间、布局和材质造型符号。

结构符号：哈纳、陶脑（天窗）、乌尼、圆形等

空间符号：天圆地远、草原、水平天际线、河流等

布局符号：大明殿、衙署府邸、蒙古包室内布局等

材质符号：木、毡布、毛等

2.4.1　蒙式空间符号

一、天圆地远

蒙古族自古就有天圆地远的感知，这源于他们对于大自然的观察，在一望无垠的大草原上，天似穹庐，与天相接的是无限的地平线。再加上蒙古族远祖在太阳崇拜的影响下，形成了蒙古族“尚圆”“天圆地方”的哲学观念。蒙古族传统毡庐建筑的造型，一方面是以物理环境的需要为导向，另一方面，也是蒙古族人民“尚圆”观念的体现。蒙古草原上常见的“敖包”的装饰形态便是最好的例证，它体现了牧民们原始的精神方面的需求。“敖包”多以石块堆砌于山顶而成，呈圆形，重要的敖包往往高达数丈，顶端竖立柳条，上面悬挂梵文经旗等。敖包在蒙古人心中非常神圣，即便是非祭祀时经过，也要下马祭拜，

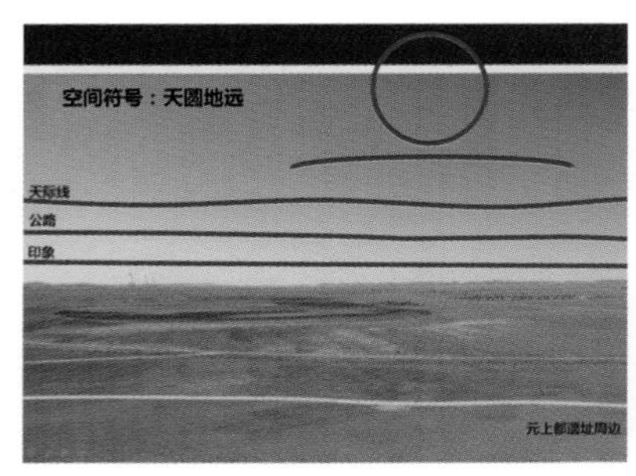

蒙古草原的空间

巴彦淖尔宾馆中的圆形造型

并添几块新石。天圆地方的空间形态逐渐演变成蒙古族的一种空间符号。以巴彦淖尔宾馆建筑的造型为例。建筑平面中有圆的造型，建筑立面也出现了多处圆的造型，餐饮楼的主入口采用了蒙古包顶部的圆弧造型。主建筑支柱型雨篷采用了蒙古包顶部乌尼的造型。建筑总的立面并不突兀，而是采用一种平缓低矮的形式。这些造型及空间形态的运用，都较好地契合了蒙古族“尚圆”、“天圆地方”的美学观念。

二、河流——自然流淌、连绵不绝

内蒙古大草原上时长见到自然流淌、连绵不绝的河流，特别是黄河流经内蒙古核心区域，河流对蒙古人空间的理解上又增加了一种连绵不绝的“盘长”韵味。虽然，目前还没有直接证据证明盘长和河流的关系，但是河流的川流不息，和蒙古族“恒长永久”的概念是契合的。再加上河流自然的形态，使得河流的形态本身也变成了蒙古的一个空间符号。

蒙古草原上的河流

不同现代蒙古建筑中的圆形与圆顶

三、圆形与圆顶

有了对大自然“天圆地远”和连绵不绝的理解，不难理解蒙古民族在日常生产、生活中逐渐产生了对“圆形”的钟爱，再加上蒙古包的造型和空间布局，使得“圆形”作为空间结构符号在传统蒙古建筑上广泛利用。再进一步，蒙古包半圆形的外轮廓最终也化身为圆形的符号，成为一种“圆顶”符号得以在建筑上进一步发展。因此，圆形和圆顶也是蒙式建筑中的空间符号。

2.4.2 蒙式结构符号

一、蒙古包结构符号

随着蒙古族人民生活形态变化，蒙古包这种传统的游牧建筑不再大量地出现在蒙古族人民日常生活中。现在我们在城市中所见蒙古包多是游览性质的建筑，且很多蒙古包是由砖土制成的固定式蒙古包。蒙古包更多地作为一种民族文化符号出现在旅游、餐饮等建筑群中，文化性、娱乐性取代了其本来的居住属性。

传统的蒙古包在结构、材质等方面较为考究。陶脑、乌尼、哈那等部件对材质要求严格，例如陶脑的材质需坚固，所以常用榆木等较坚硬材质，乌尼和哈那考虑到经常拆卸运输的使用状态，需采用细直的整原木。这样考究的形制经过时间的洗练，逐渐成为蒙古族人民对于蒙古包的一种情怀，进而逐渐演变成一种符号语言。因此，我们在现代很多蒙式建筑中，发现了以蒙古包结构作为一种装饰符号的形式。例如很多建筑，如内蒙古大学主楼顶部、呼和浩特博物馆和内蒙古大学民族博物馆的内部顶棚等，都采用了传统蒙古包顶部的造型及符号化的乌尼造型；位于呼和浩特蒙古风情园的主建筑、鄂尔多斯市的鄂尔多斯大剧院等建筑在立面装饰中，都采用了哈那的符号化装饰。

陶脑结构性符号的应用

哈那结构性符号的应用

二、蒙式服饰结构符号

蒙古族服饰也称为蒙古袍，主要包括长袍、腰带、靴子、首饰等。但因地区不同在式样上有所差异。蒙古族服饰具有浓郁的草原风格特色，以袍服为主，便于鞍马骑乘。因为蒙古族长期生活在塞北草原，蒙古族人民不论男女都爱穿长袍。牧区冬装多为光板皮衣，也有绸缎、棉布衣面者。夏装多布类。长袍身端肥大，袖长，多红、黄、深蓝色。男女长袍下摆均不开衩。红、绿绸缎做腰带。

忽必烈画像中的帽子和成吉思汗陵建筑

蒙古帽子作为服饰的一部分，也是特色鲜明，体现出强烈的蒙古特色。

在蒙古服饰的造型、结构上借鉴，引用到蒙式建筑设计上是一个很有意思的思路，而且在研究过程中，发现有借鉴创新设计的很有新意的案例。如前文所说利用女性帽子造型设计的鄂尔多斯大剧院就是一个典型案例。

另外，在研究过程中，发现成吉思汗陵建筑形式和元代帝王所带帽子有神似之处，不论是出于巧合还是设计师有意借鉴，成陵的建筑结构中的八边形和房檐的设计同忽必烈画像中所带帽子的结构十分相似。

2.4.3 蒙式布局符号

一、蒙古包的室内布局

蒙古包内部布局

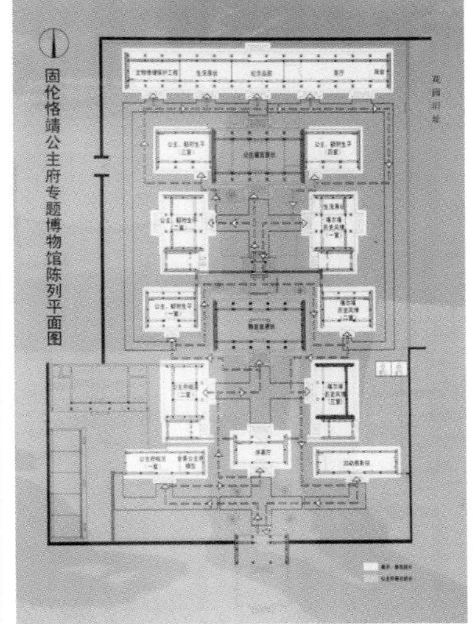

固伦恪靖公主府布局

蒙古包内部摆设，将蒙古包内部平面化分为九个方位。

正对顶圈的中位为火位，置有供煮食、取暖的火炉；

火位前面的正前方为包门，包门左侧是置放马鞍、奶桶的地方，包门右侧则放置案桌、橱柜等。

火位周围的五五方位，沿着木栅整齐地摆放着绘有民族特色的花纹安析木柜木箱。箱柜前面，铺着厚厚的毛毯，其优点是蒙古包看起来外形很小，但包内使用面积却很大。

包内右侧为家中主要成员座位和宿处，包内左侧一般为次要成员座位和宿处（蒙古族住房也以西为大，长者居右）。

二、固伦恪靖公主府布局

现存公主府的主体建筑形态和主要建筑布局与当年布局没有变动。公主府建筑群的平面布局，严格按照传统礼制要求，并且按照“前堂后寝”，在中轴线上由南至北依次布置大照壁、府门前庭广场、主体建筑群、花园、跑马场四个序列空间。其空间组织特点具有与皇家宫室建筑同构的特征。

1. 居中为尊、中轴对称的原则

2. 前堂后寝总体布局

3. 严格空间等级关系

4. 四合院式空间组织

另外，准格尔王爷府、喀喇沁亲王府的总体布局，也基本上是按照上述原则兴建。可以看出这是清朝蒙、满、汉多元文化结合后的建筑布局，形制基本一样。

2.4.4　蒙式材质符号

蒙式建筑的材质主要是蒙古包内的建筑材料，一般来说最具特色的是蒙古包的木材（制作哈那、陶脑、乌尼等使用的柳木或松木等）和毛、毡等材料。而现代蒙式砖混、钢混结构建筑中使用的各种现代材料，基本上都是国内通用的建筑材料，不具有蒙古风味的代表性。

毛毡和马尾材质

2.5　蒙式建筑色彩符号研究

2.5.1　蒙式典型基础色体系

一、蒙古族“吉祥五色”

蒙古族古代建筑的色彩基本上以蓝、白、青、红、黄、为主，被称为“吉祥五色”。

蓝色——蓝色是蒙古族最崇尚的颜色。蒙古民族是“赖长生天之力”兴旺发达的苍天之子，所以崇拜蓝天，象征永恒长生，把自己称为蓝色蒙古。蒙古族把重要的城镇成为“青色之城”（呼和浩特）。

白色——蒙古族把白色视为最纯洁、最正义、最真诚的代表。蒙古族古老的萨满教最初崇尚白色。真善美象征色，乳制品、乳汁，人品的真、善用白色描述是蒙古人传统文化观点。

蒙古各种奶制品的白色系

青色——绿色（即青色，蒙古人认为绿色是食物腐烂的颜色，爱用青色来形容绿色）是大自然的颜色，代表着生命与欣欣向荣，是象征和平与静谧的颜色。每天沉浸在绿色的海洋，蒙古族人的人生观深受其影响。

蒙古草原的绿色

蒙古喜字的红色

红色——蒙古族是崇拜太阳和火的民族，蒙古包就是因为崇拜太阳而产生的太阳图形的居室。成吉思汗的苏勒德的形状就是采用火焰图标。红色象征希望、成功，代表隆重、高贵。汗宫、王府多用红色，平民百姓房屋则不能用。

黄色——蒙古族把黄色称为“黄金宝贝”的颜色，视为最神圣、最尊贵的颜色，蒙古族建筑只有汗王宫采用黄色宫帐。

黑色——蒙古族忌讳黑色，把不吉利的事叫作“黑事”。

二、蒙古的自然环境色彩

随着四季的变化，蒙古自然环境也会有变化。不过根据考察拍摄的资料，可以大体看到蒙古自然环境的色彩体系。

蒙古春夏秋冬不同季节大地的色彩

（一）大地色彩

蒙古的天气色彩

（二）天空色彩

在蒙古草原上，最具代表性的天空色彩，应该是蓝天和白云了。当然，在城市以及恶劣天气的时候，天空会变得灰暗。作为蒙古优美自然环境的典型印象，蓝色和白色的搭配最具蒙古特色和魅力。

2.5.2　蒙式典型色彩搭配

一、成陵彩旗色彩搭配

成陵的色彩搭配体现了蒙古族“吉祥五色”最为蒙古族典型基本色系相互搭配的结果，也可以说这六种搭配方式是“吉祥五色”互相搭配的结果，还可以产生更多的配色方案。由“吉祥五色”衍生出的配色也应该具有“吉祥五色”的蒙古韵味。

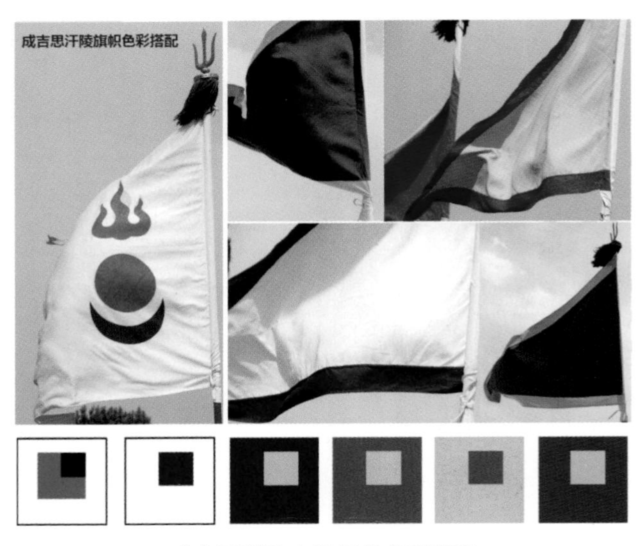

成吉思汗陵中旗帜的色彩搭配

二、白蓝配——最具蒙古味

不论是蓝配白还是白配蓝，都是蒙古的色彩，而且该种搭配在蒙古到处可见。

鄂尔多斯市民居的蓝白色搭配

三、蓝绿配——草原的色彩

蓝绿搭配的效果就如同蓝色的蒙古遇到了青色的草原，让人流连忘返。

各种不同的色彩搭配

四、金红配——喜庆的蒙古

红色与金色的搭配，再放在蒙式建筑的屋外或室内，就是喜庆、吉祥的蒙古味道。

五、红白配——佛教的色彩

蓝天映衬下的乌审召庙，显得格外靓丽，蒙、藏结合的风味使得红配白的佛教意味特别明显，联系起藏传佛教建筑的色彩，特别是五当召的整体白配红色，在蒙古地区，这一搭配就是蒙古佛教建筑的色彩。

六、吉祥五色配金银

金、银色为百搭色，在建筑、服饰搭配中经常出现，特别是在边饰上。在蒙古地区，金、银色系配上蒙古的“吉祥五色”，在原有配色上增加一份蒙式风味的高贵。在传统配色中，只有帝王家才能使用金色系来装点建筑，平常百姓是不允许使用这一色系。这也意味着金色搭配蒙式吉祥五色，代表着蒙古最高贵的色彩搭配，是原有色彩搭配的升级和美化，同时又不失蒙古的味道。

第三章　历史遗址中的建筑装饰纹样

3.1　元上都遗址建筑装饰纹样

元上都遗址位于内蒙古自治区锡林郭勒盟正蓝旗草原，曾是世界历史上最大帝国元王朝的首都，始建于公元1256年，它是中国大元王朝及蒙元文化的发祥地，忽必烈在此登基建立了元朝。元上都南临上都河，北依龙岗山，周围是广阔的金莲川草原，形成了以宫殿遗址为中心，分层、放射状分布，即有土木为主 的宫殿、庙宇建筑群，又有游牧民族传统的蒙古包式建筑的总体规划形式，体现出一个高度繁荣的草原都城的宏大气派，是农耕文明与游牧文明融合的产物，是草原文化与中原农耕文化融合的杰出典范。

一、博物馆前言版

（0301–1.1）该装饰部位采用哈木尔与卷草纹相结合进行装饰，是典型的蒙式纹样。

二、龙纹柱

（0301–2.1）该装饰部位位于龙纹柱上，采用植物纹样来装饰，表达了对自然的敬畏与喜爱。

（0301–2.2）该装饰部位位于柱壁，采用大面积的龙纹装饰，寓意吉祥。

三、汉白玉石雕像

（0301–3.1）该纹样位于石像肩膀处，运用了龙纹做装饰，寓意吉祥与尊贵。

（0301–3.2）该纹样为云纹，喻有顺利之意。

四、石砖纹样

（0301–4.1）该石砖上采用大面积植物纹样作装饰，造型均匀绵长，表达了对大自然的敬畏喜爱之情。

五、人像

（0301–5.1）采用二方连续的回形纹作为墙壁上的装饰，简单大方。

（0301–5.2）采用大面积的植物纹样作装饰，造型具象。

（0301–5.3）该纹样为云纹，常装饰于衣物上，通体为金色，是典型的蒙式色彩。

（0301–5.4）该纹样位于人物衣袖上，是圆适几何纹与盘长纹的结合，造型简洁大方，富有美感。

（0301–5.5）该纹样位于人物的腰带上，由圆形与周围的盘长纹组合而成。

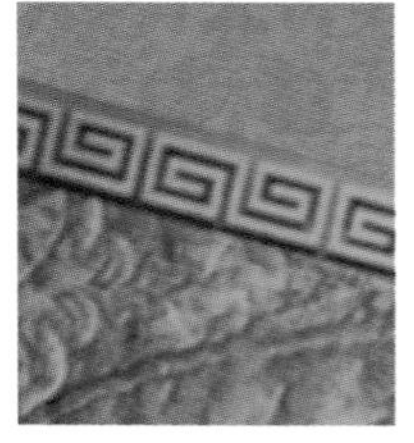

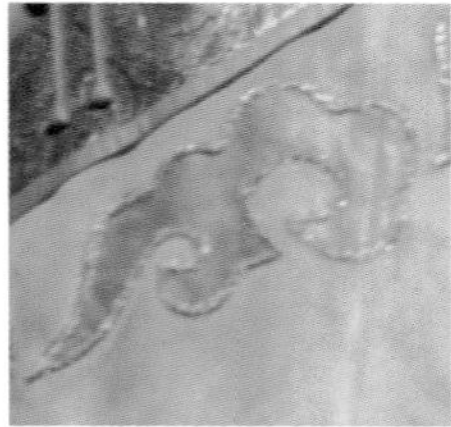

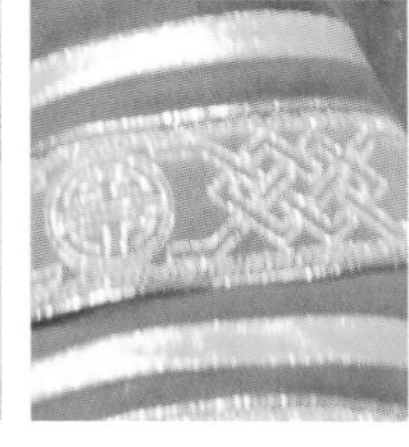

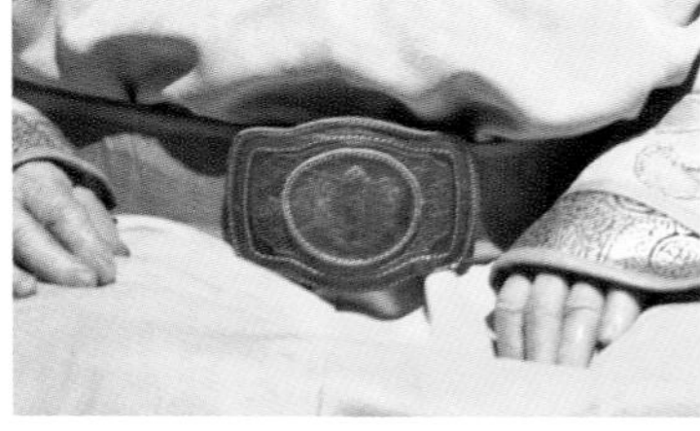

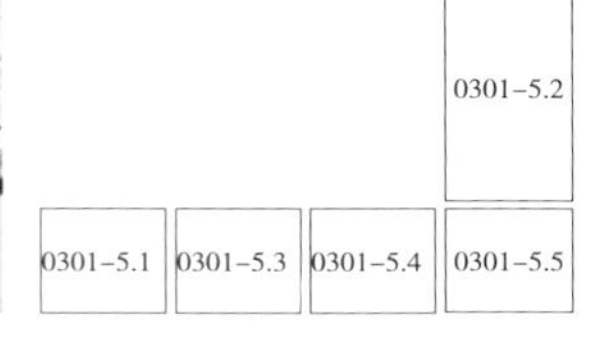

六、蒙古包的门

（0301-6.1）该卷草纹位于门框边角处，运用金色，是典型的蒙式装饰手法。

（0301-6.2）卷草纹。

（0301-6.3）该纹样装饰于门上，是圆适几何纹的衍生形。

（0301-6.4）卷草纹。

（0301-6.5）卷草纹。

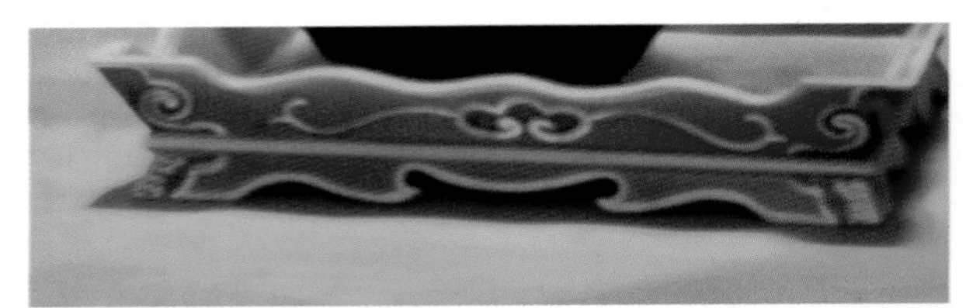

七、蒙古包内场景

（0301–7.1）作为支撑蒙古包的哈那结构，后逐渐演变为装饰符号。

（0301–7.2）该纹样装饰于托盘上，是植物纹样，造型优美，使用红、绿、黄等蒙式经典配色。

八、石牌坊

（0301–8.1）位于石牌坊的顶端，造型为莲花座，带有宗教信仰色彩。

（0301–8.2）位于石牌坊顶端，采用汉族的云纹装饰。

（0301–8.3）位于石牌坊顶部，采用云纹作为装饰。

（0301–8.4）位于门柱的正面，采用植物纹样作为装饰，表达对自然的喜爱与敬畏之情。

九、牌柱

（0301–9.1）二方连续的“T”形纹作为线条，在色彩上采用单色出力，属于典型的蒙式配色方法。

（0301–9.2）该装饰部位采用了卷草纹的装饰，采用红色和蓝色相结合，是典型的蒙式配色。

（0301–9.3）哈木尔纹样的衍生形，是哈木尔与矩形的结合，造型简单独特。

十、汉白玉雕花碑座

（0301–10.1）该装饰部位采用哈木尔的衍生形来

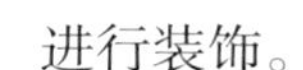

进行装饰。

十一、石块（一）

（0301–11.1）
该装饰部位选用植物纹样作为装饰。

十二、石块（二）

（0301–12.1）
该装饰部位选用植物纹样作为装饰。

十三、雕花石底座

（0301–13.1）该装饰部位采用哈木尔与植物纹样相结合的方式来进行装饰，造型优美独特，寓意美好。

十四、石块（三）

（0301–14.1）该纹样为植物纹样。
（0301–14.2）该纹样为哈木尔的衍生形。
（0301–14.3）该装饰部位选用植物纹样作为装饰。

十五、地图

（0301–15.1）该部位采用了盘长纹与卷草纹结合的方式进行装饰，造型独特，是典型的蒙式纹样。

十六、墙壁装饰物

（0301–16.1）该装饰部位选用哈木尔纹的衍生形来进行装饰，色彩上采用蓝色和绿色来进行搭配，是典型的蒙式色彩搭配。

十七、雕花石底座

（0301–17.1）该装饰部分选用哈木尔的衍生形来进行装饰。

十八、雕塑

（0301–18.1）该装饰部位运用了蒙式纹样中盘长的变形纹样，是典型的蒙式纹样的立体化。

十九、石块（四）

（0301–19.1）该装饰部位选用卷草纹与植物纹样相结合的方式进行装饰，造型优美、富有特色。

二十、银饰纹样

（0301–20.1）、（0301–20.2）纹样为圆适几何纹。

（0301–20.3）该装饰部位在圆适几何纹外，使用哈木尔纹样做外轮廓形。

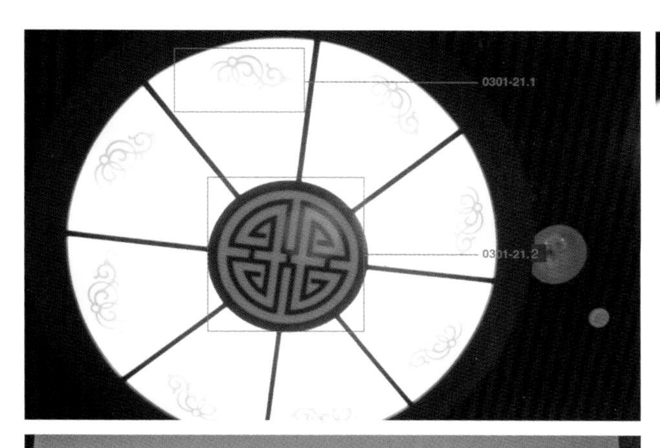

二十一、灯饰

（0301–21.1）该装饰部位选用卷草纹的衍生形进行装饰，色彩上选用蓝与白进行搭配，属于典型蒙式配色。

（0301–21.2）该装饰部位采用圆适几何纹进行装饰，色彩上选用了蓝白红进行搭配，属于典型蒙式配色。

二十二、门

（0301–22.1）该装饰部位选用“卍”字进行装饰，四端向外延伸。

（0301–22.2）该部位采用了盘长纹与卷草纹结合的方式进行装饰，造型独特，带有典型的蒙式韵味。

（0301–22.3）该装饰部位采用圆适几何纹进行装饰，色彩上选用了红白进行搭配，属于蒙式配色。

二十三、导视牌

（0301–23.1）卷草纹组合变化形态。

（0301–23.2）哈木尔与矩形组合纹样。

3.2　匈奴文化博物馆

匈奴文化博物馆，国内外首座介绍匈奴文化历史的博物馆。建筑面积3000平方米，博物馆的建筑设计展现了草原游牧民族特色，建筑顶部设计为匈奴王冠——雄鹰展翅青铜装饰物。博物馆分为上下两层，一楼主要为昭君出塞，昭君与单于的蜡像、成吉思汗骑马雕塑、汉代出土陶器等艺术品展览。二楼是匈奴历史文化陈列和昭君艺术品展示，每层展厅里都有不少珍贵文物，通过这些文物及文献资料让游客了解匈奴历史及汉匈关系，从而更加深刻理解昭君出塞的历史功绩。

一、匈奴文化博物馆正门

（0302–1.1）该装饰部位，选用老鹰的图腾作为装饰。

（0302–1.2）该屋顶的装饰是盘长纹的衍生用法，亦可理解为对蒙古包哈那结构的符号化应用。

（0302–1.3）该装饰部位中间选用马的形状进行装饰，周围嵌以卷草纹的衍生形作为点缀，造型独特，具有蒙式特色。

二、大厅群雕

0302-2.1	0302-2.3 / 0302-2.4	0302-2.5

0302-2.7	0302-2.9	0302-2.6	0302-2.2

（0302–2.1）该装饰纹样位于帽子上，采用卷草纹的衍生形作为装饰，造型优美具有特色。

（0302–2.2）该装饰纹样位于衣服上，采用回形纹作为装饰。

（0302–2.3）该装饰纹样位于衣服上，采用植物纹样与动物纹样相结合的形式进行装饰。

（0302–2.4）该装饰纹样位于腰带上，采用哈木尔衍生形与卷草纹相结合的形式进行装饰。

（0302–2.5）该装饰纹样位于衣袖上，采用哈木尔衍生形进行装饰。

（0302–2.6）该装饰部位选用“T”形纹作为线条，在色彩上，白、红相间，属于典型的蒙式配色方法。

（0302–2.7）该装饰纹样位于衣袖上，采用卷草纹进行装饰，富有蒙式特色。

（0302–2.8）蒙古包的哈那。

（0302–2.9）该装饰纹样位于衣摆上，采用卷草纹进行装饰。

三、其他

（0302–3.1）该物为瓦当，造型上选用哈木尔的衍生形，整体为圆适几何纹。

（0302–3.2）该装饰部位采用哈木尔的衍生式进行装饰。

（0302–3.3）该装饰部位采用折纹进行装饰。

（0302–3.4）该装饰部分采用回形纹进行装饰。

（0302–3.5）该装饰采用哈木尔及其组合形态。

3.3 内蒙古大学博物馆

内蒙古大学博物馆展览的民俗实物内容丰富，涉及蒙古族政治、经济、生产、生活、文化、艺术、宗教等诸多领域，具有很高的科研、教学以及欣赏价值。特别是随着社会生活的日益现代化，古老的民俗实物从我们的生活中悄然消失的今天，显得更为珍贵。博物馆共三层，建筑面积2400平方米，展厅面积1200平方米。一层展厅“毡乡情”，展览蒙古民族生产、生活用具，比如:蒙古包、勒勒车、套马杆等。第二层展厅“马背情”，展出了蒙古族在长期的游牧生活中创造、使用的民俗、文化实物，展览包括：蒙元文物、鞍马饰具、生产工具、生活器皿、衣着服饰、文化娱乐、医疗卫生、宗教文化等八个部分组成。第三层为机动展厅和历史展厅。

一、博物馆正门

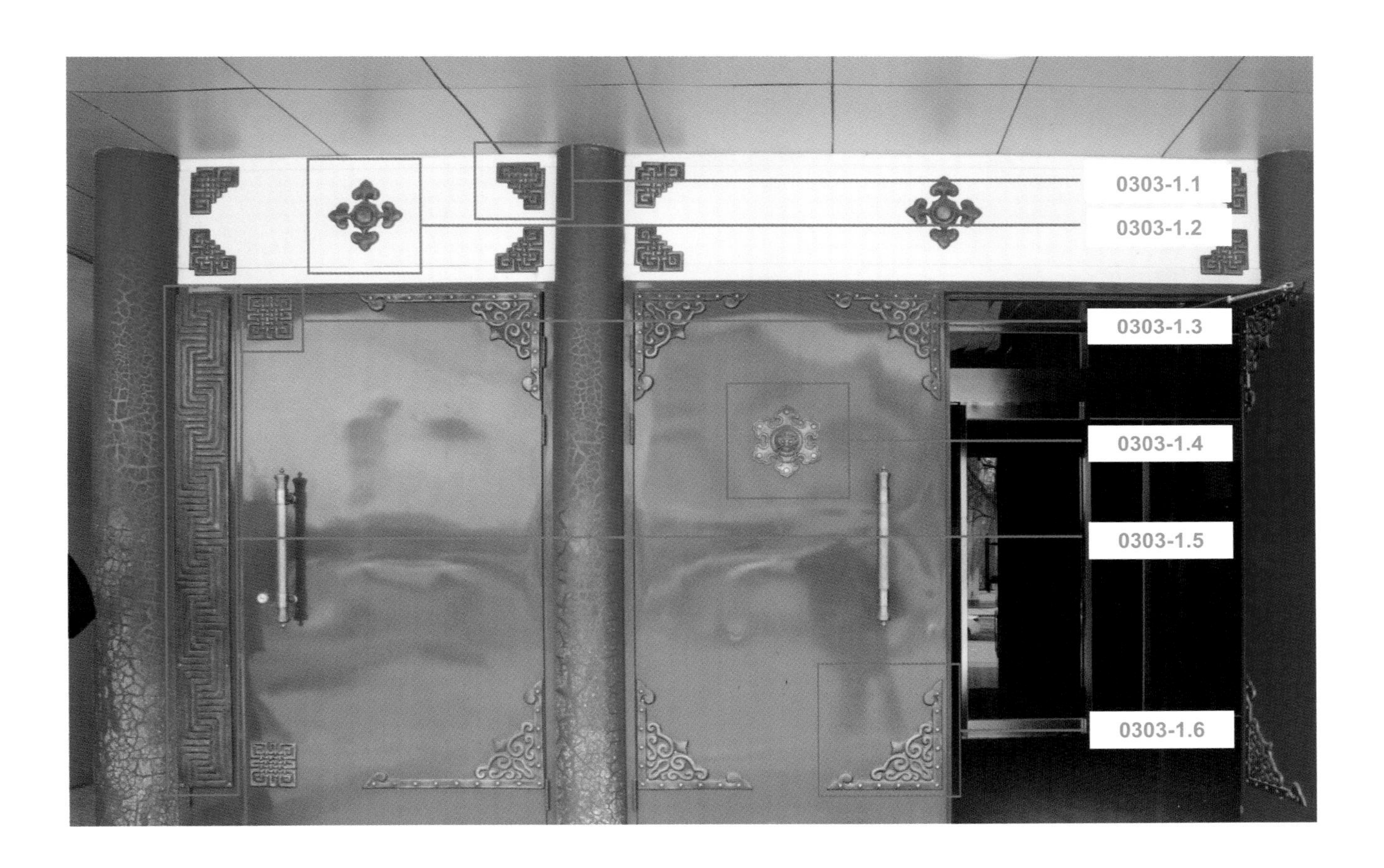

（0303-1.1）该装饰部位选用盘长纹的衍生形作为装饰。
（0303-1.2）该装饰部位为哈木尔的衍生形。
（0303-1.3）该装饰部位采用盘长纹与回形纹结合的方式进行装饰，造型独特。
（0303-1.4）该装饰部位采用兽的形象与哈木尔衍生形结合的方式进行装饰。
（0303-1.5）该装饰物采用回形纹作为装饰。
（0303-1.6）该装饰物采用卷草纹作为装饰，两侧采用哈木尔纹样一样，是较新颖的装饰手法。

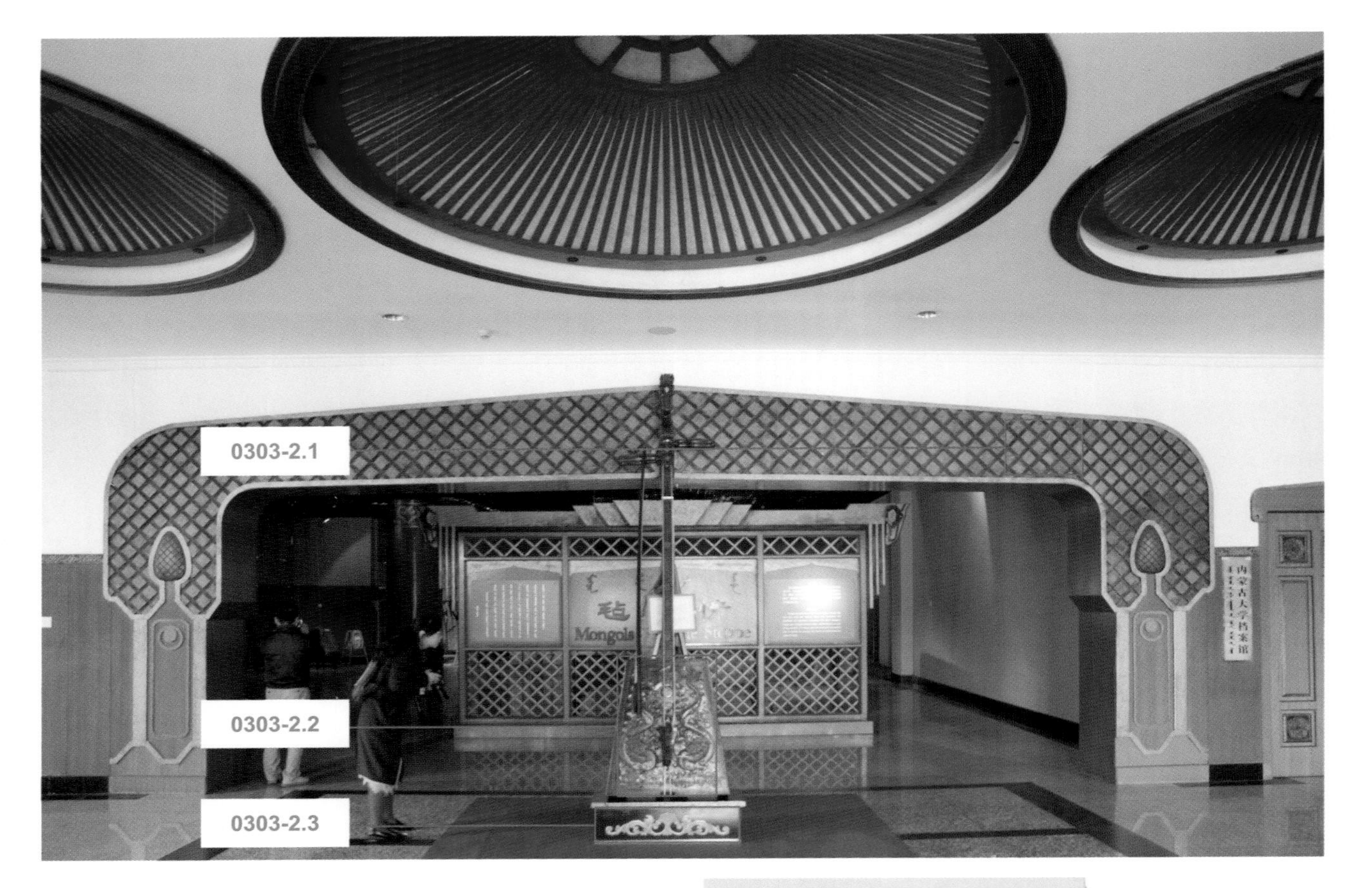

二、正厅

（0303–2.1）该装饰是蒙古哈那结构的符号运用。

（0303–2.2）该装饰物选用龙纹作为装饰。

（0303–2.3）该装饰物选用卷草纹作为装饰。

三、柱饰

（0303–3.1）该装饰物选用盘长纹与卷草纹结合作为装饰，旁边的纹样为方胜。

四、架子

（0303–4.1）该装饰物选用卷草纹作为装饰。

五、架子

（0303–5.1）该装饰物选用圆适几何纹作为装饰。

（0303–5.2）该装饰物选用卷草纹和盘长纹的变形组合纹样作为装饰。

六、家具（一）

（0303–6.1）该装饰物选用回形纹作为装饰。
（0303–6.2）蒙古包哈那的结构。
（0303–6.3）该装饰物选用“T”纹作为装饰，配色上采用蓝、绿搭配，是典型的蒙式配色。
（0303–6.4）该装饰物选用回形纹作为装饰。

七、家具（二）

（0303–7.1）该装饰物选用植物纹作为装饰。
（0303–7.2）该装饰物选用卷草纹作为装饰。
（0303–7.3）汉族的寿字纹，在笔画上采用哈木尔进行了艺术处理。
（0303–7.4）汉族的方胜纹样。

八、建筑构造（一）

（0303-8.1）该装饰物选用卷草纹作为装饰。

（0303-8.2）该装饰物选用卷草纹作与哈木尔衍生式结合的方式作为装饰。

九、建筑构造（二）

（0303-9.1）该装饰部位采用了一些几何纹样，富有韵律感。

（0303-9.2）该装饰部位选用了卷草纹进行装饰。

（0303-9.3）该装饰物选用弯曲的造型作为装饰。

十、建筑构造（三）

（0303-10.1）该装饰物选用卷形纹作为装饰。

（0303-10.2）该装饰物选用植物纹样作为装饰。

（0303-10.3）该装饰物选用盘长纹与卷草纹结合作为装饰，是典型的蒙式纹样。

十一、立面装饰（一）

（0303-11.1）该装饰物选用盘长纹与卷草纹结合作为装饰，还有汉族的方胜纹样。

（0303-11.2）该装饰纹样由盘长纹、卷草纹及哈木尔相结合。

（0303-11.3）比较典型的卷草纹。

0303-11.1

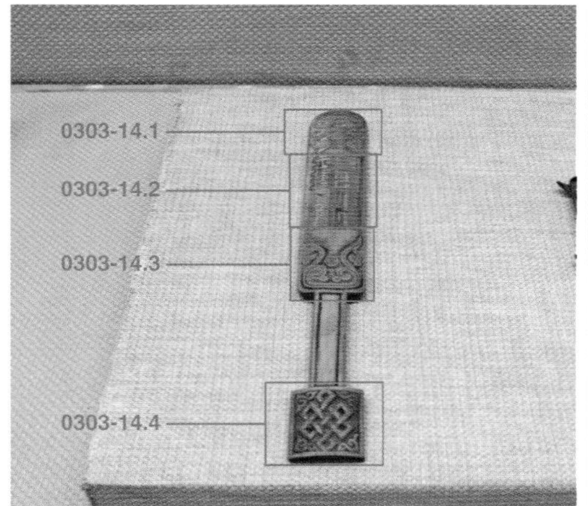

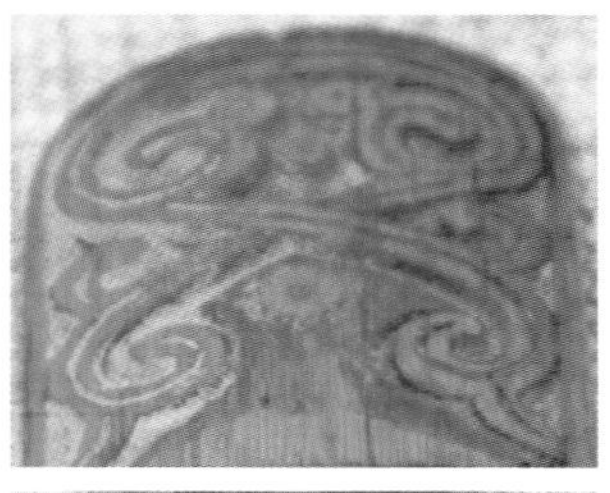

十二、立面装饰（二）

（0303–12.1）该装饰物选用哈木尔衍生形作为装饰。

（0303–12.2）该装饰物选用卷草纹作为装饰。

（0303–12.3）该装饰物选用盘长纹与卷草纹结合作为装饰以及汉族的方胜纹样进行装饰。

（0303–12.4）该装饰物选用卷草纹作为装饰。

十三、立面装饰（三）

（0303–13.1）该装饰物选用盘长纹与卷草纹结合作为装饰。

十四、日用品（一）

（0303–14.1）该装饰部位采用卷草纹作为装饰。

（0303–14.2）该部位雕刻了文字，本身也是有特色的一种装饰手法。

（0303–14.3）该装饰部位选用卷草纹作为装饰。

（0303–14.4）该装饰部位采用了盘长纹作为纹样中心，四周辅以卷草纹围合，是典型的蒙式装饰纹样。

十五、日用品（二）

（0303–15.1）该装饰物选用盘长纹与卷草纹作为装饰。

（0303–15.2）该装饰物选用圆适几何纹作为装饰。

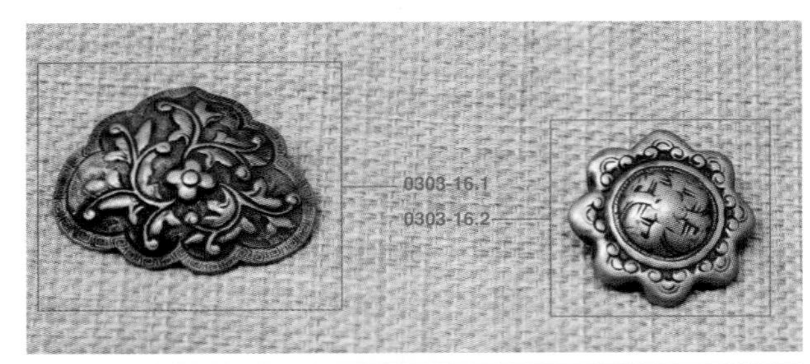

十六、日用品（三）

（0303–16.1）

该装饰物选用植物纹样作为装饰。

（0303–16.2）

该装饰物四周采用了连续的哈木尔纹样。

十七、日用品（四）

（0303–17.1）

该装饰物选用哈木尔的衍生形作为装饰。

（0303–17.2）

该装饰物选用圆适几何纹作为装饰。

（0303–17.3）

该装饰部位采用卷草纹作为装饰。

(0303–17.4）典型的盘长纹。

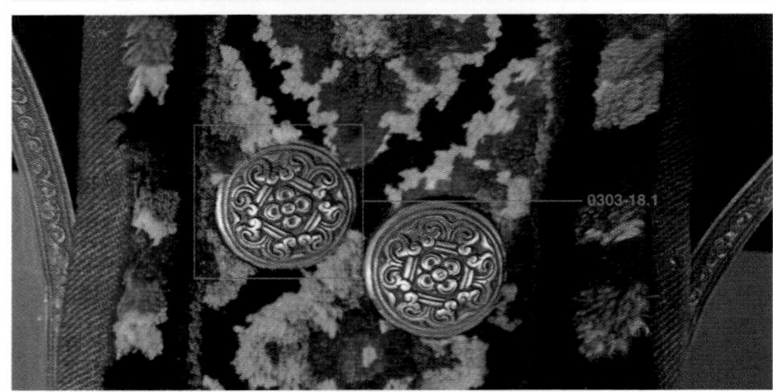

十八、日用品（五）

（0303–18.1）

该装饰物选用哈木尔的衍生式纹样作为装饰，该装饰纹样与羊角相似。

十九、日用品（六）

（0303–19.1）

该装饰物选用“卍”字作为装饰。四端向外延伸，又可演化成各种锦纹，这种连锁花纹常用来寓意绵长不断和万福万寿不断头之意。

二十、日用品（七）

（0303–20.1）

壶口的部位采用了一圈卷草纹进行装饰。

（0303–20.2）

该装饰物选用圆适几何纹作为装饰。

（0303–20.3）壶盖把手上雕刻了四个中心对称的哈木尔，体现了蒙古人民在细节上对于美得追求。

二十一、日用品（八）

（0303–21.1）该装饰物选用盘长纹作为装饰，富有特色与形式美感。

（0303–21.2）该装饰物选用卷草纹作为装饰。

（0303–21.3）该鞋采用的哈木尔变种，与汉族云纹相似，辅以卷草纹进行装饰。

（0303–21.4）该纹样为圆适几何纹。

（0303–21.5）该纹样为卷草纹。

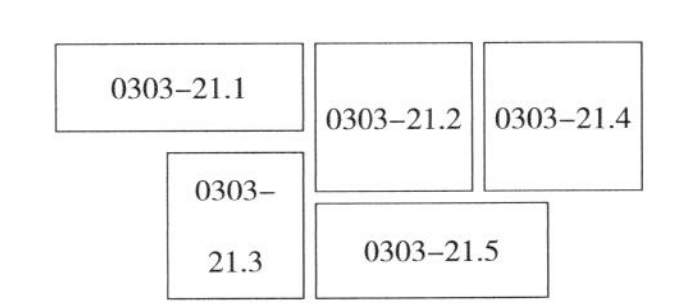

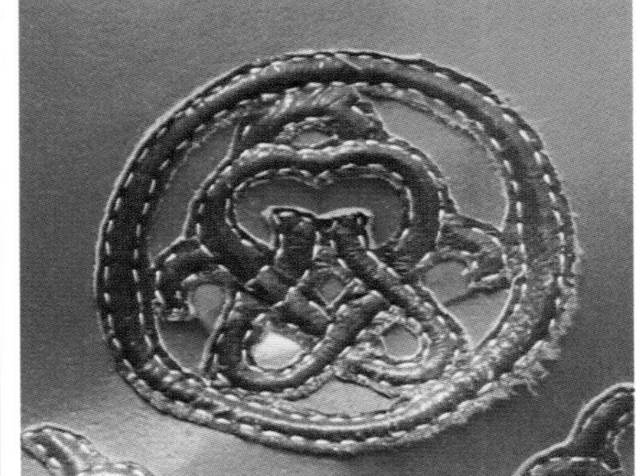

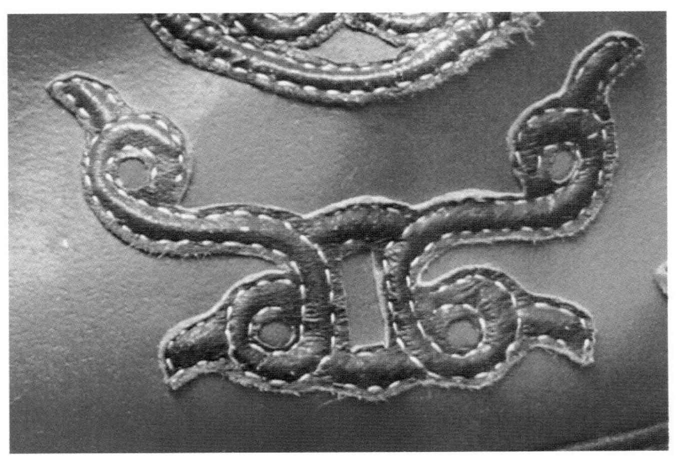

3.4　新疆维吾尔自治区博物馆

新疆维吾尔自治区博物馆位于乌鲁木齐市西北路 132 号，是自治区唯一的省级综合性地志博物馆，是全疆最大的文物和标本收藏保护、科学研究和宣传教育机构。1953 年成立筹备处，1958 年始建，为山字形平房建筑，1962 年迁至现址改为博物馆并对外开放。该馆基本陈列有“新疆历史文物”、“新疆民族民俗”。在新疆民族民俗展中专门开设蒙古族展区，展示了新疆蒙古族风土民俗。

一、蒙古包

（0304–1.1）哈木尔纹样。

（0304–1.2）盘长纹变形纹样，装饰于蒙古包毡门。

（0304–1.3）T 形纹。连续的 T 形纹装饰于蒙古包上，形成装饰条。

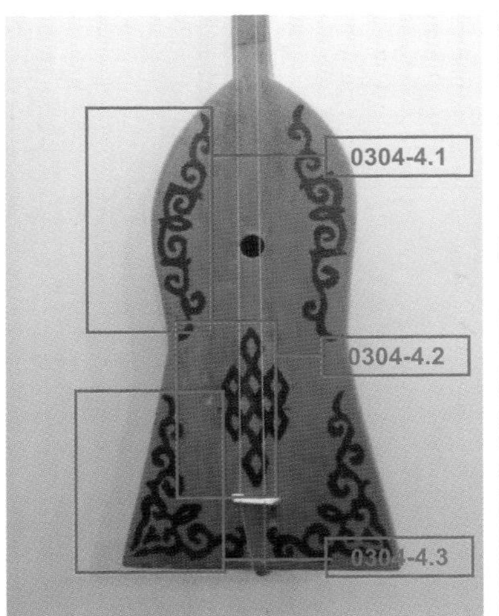

二、蒙古包

（0304–2.1）卍字纹。

（0304–2.2）S 形回形纹。

（0304–2.3）盘长纹。

三、银铁盆

（0304–3.1）几何纹样。

（0304–3.2）佛教八宝纹样。

（0304–3.3）波浪纹样。

四、木琴

（0304–4.1）卷草纹。

（0304–4.2）盘长纹。

（0304–4.3）卷草纹边角。

五、布饰

（0304–5.1）圆形适合纹。

六、装饰条

（0304–6.1）卷草纹与盘长纹组合纹样。

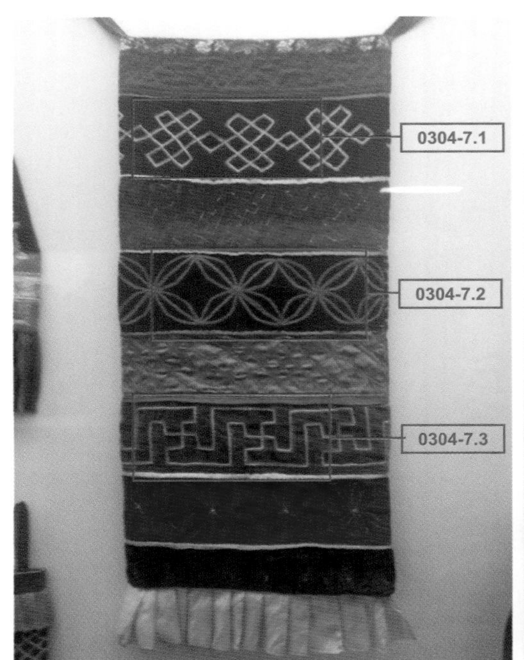

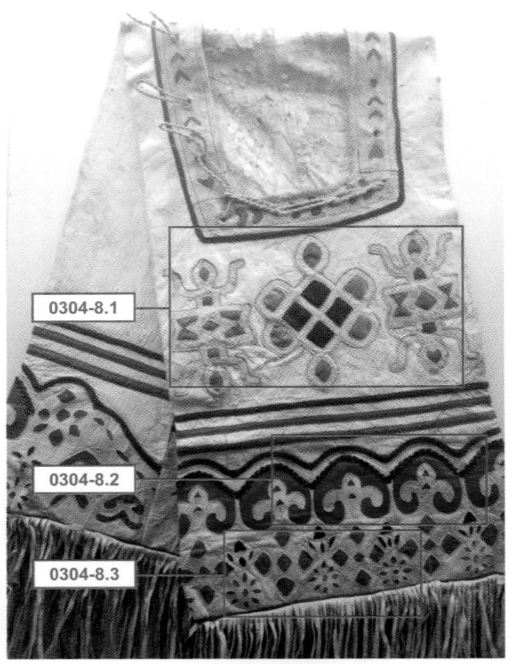

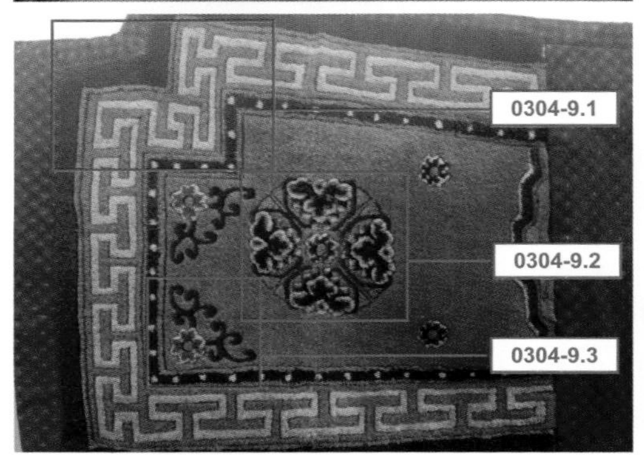

七、布饰（二）

（0304–7.1）盘长纹。
（0304–7.2）几何纹样。
（0304–7.3）卍字纹。

八、布饰（三）

（0304–8.1）盘长纹和寿字纹。
（0304–8.2）哈木尔纹。
（0304–8.3）几何纹样。

九、地毯

（0304–9.1）T 形纹边饰。
（0304–9.2）团花纹样。
（0304–9.3）卷草纹边角。

十、皮袋

（0304–10.1）圆形适合纹。

十一、木盘

（0304–11.1）蝴蝶纹样。
（0304–11.2）几何纹样组合。

十二、日用品（一）

（0304–12.1）T 形纹变形。
（0304–12.2）S 形回形纹。

十三、日用品（二）

（0304–13.1）S 形回形纹。
（0304–13.2）盘长纹。
（0304–13.3）卍字纹。

0304-11.1
0304-11.2

0304-12.1
0304-12.2

0304-13.1
0304-13.2
0304-13.3

第四章　蒙古包装饰与纹样

4.1　呼和浩特市蒙古包装饰与纹样

呼和浩特，通称呼市，旧称归绥，1954 年改名为呼和浩特市，蒙古的语意为“青色的城”。由于气候、地形、自然环境等因素和长期的游牧生活，使蒙古牧民选择了最适宜的住所——蒙古包。蒙古包是我国民居建筑的重要组成部分，它因地制宜具有独特的艺术特征，从图案装饰来看，它是蒙古族民风世俗、文化艺术的强烈反映。在蒙古包众多的装饰手法与特征中，图案装饰具有非常重要的艺术地位，蒙古族的民族图案是民族装饰的重要表现形式，人民生活中的衣、食、住、行、用的各种生活器具或多或少的都和图案有着密切的联系，触及着人们生活的方方面面，这种广泛运用的装饰手法实际上是对群众进行了潜移默化的美的教育，使人们感受到生活中美的魅力，这也是蒙古民族审美喜好的体现。

建筑编号	建筑名称	建筑风格	装饰风格	装饰纹样数量
1	蒙古包 1–1	中亚建筑	汉、蒙式风格	6
2	蒙古包 1–2	中亚建筑	汉、蒙式风格	12
3	蒙古包 1–3	中亚建筑	蒙式风格	3
4	蒙古包 1–4	中亚建筑	汉、蒙、藏结合	9
5	蒙古包 1–5	中亚建筑	汉、蒙、藏结合	13
6	蒙古包 1–6	中亚建筑	汉、蒙、藏结合	6
7	蒙古包 1–7	中亚建筑	汉、蒙结合	6
8	蒙古包 1–8	中亚建筑	汉、蒙、藏结合	10
9	蒙古包 1–9	中亚建筑	汉、蒙、藏结合	4

一、蒙古风情园蒙古包（一）

（0401–1.1）装饰物处于蒙古包的顶部，与蒙古族传统帽饰类似，是蒙古包建筑结构的重要组成部分，通体以金色为主色调。

（0401–1.2）该装饰物处于蒙古包顶面，其核心纹样为云纹，蒙古语称“哈木尔”，由于其形象酷似牛鼻子而得名，以正负形的形式展现出来，以蓝白色调为主，是典型的蒙式配色。

（0401–1.3）哈木尔负形。

（0401–1.4）几何纹样。在色彩上以蓝为主、白色描边，是典型的蒙式配色。

（0401–1.5）圆适几何纹。

（0401–1.6）该装饰处于蒙古包门扇中心部位，以卷草纹为中心，四角以盘长纹和卷草纹相结合的纹样围合。

二、蒙古风情园蒙古包（二）

（0401–2.1、0401–2.2）哈木尔纹样。

（0401–2.3）在蒙古包外沿位置，采用蒙式纹样中的二方连续的“T”形纹作为线条。在装饰配色上，采用蒙古族传统的蓝色，以白色为基础，是典型的蒙式配色。

（0401–2.4、0401–2.5、0401–2.6、0401–2.7、0401–2.8、0401–2.9、0401–2.10、0401–2.11）

该装饰位于窗口，采用了卷草纹、弓箭、寿字纹、哈木尔组合纹样、蒙古包、奔马、车轮等典型的蒙式图案，具有浓郁的蒙古风情。色彩搭配均以白色为基础，纹样通体采用蓝色，用于装饰整个蒙古包，是蒙式纹样的经典配色。

（0401–2.12）该装饰纹样位于蒙古包正门，具有浓郁的蒙古风情。纹样运用了哈木尔、菱形几何、卷草纹及盘长纹等组合的方式。色彩上采用蓝白相间，配以红色的木门，是典型的蒙式配色。

三、蒙古风情园蒙古包（三）

（0401-3.1）蒙古包陶脑。纹样运用了哈木尔，以蓝白色调为主，是典型的蒙式配色。

（0401-3.2）哈木尔图案负形。

（0401-3.3）蒙古包常见回形纹。

四、蒙古风情园建筑构件

（0401–4.1）石墩上的浮雕是近些年新建或修葺建筑中常用的方法。四边采用卷草围合成为方形，以配适石墩。

（0401–4.2）该装饰纹样位于石墩上部。运用了佛教莲花座纹样，装饰在石墩上部。

（0401–4.3）该纹样位于石墩中部，藏式佛教莲花灯盏。

（0401–4.4）植物卷草纹与花朵相衬。

（0401–4.5）汉式石狮子雕塑镶嵌其中。

（0401–4.6）佛教莲花底座相衬于石狮子底部。

（0401–4.7）佛教莲花座纹样。

（0401–4.8）卷草纹。

（0401–4.9）该装饰物处于石墩底部，以哈木尔表现出来，典型的蒙式纹样。

五、蒙古风情园建筑构件

（0401–5.1）汉式龙腾云雕塑。

（0401–5.2）骏马腾云雕塑，带有蒙古族风情。

（0401–5.3）佛教莲花座镶嵌于香炉上半部，佛教气息浓郁。

（0401–5.4）卷草纹，典型的蒙式纹样。

（0401–5.5）汉式腾云纹样装点着香炉主体，寓意着香火鼎盛。

（0401–5.6）“T”形纹。

（0401–5.7）佛教莲花座纹样。

（0401–5.8）汉式仙鸟石刻伴有植物花雕。

（0401–5.9）汉式纹样。

（0401–5.10）蒙式经典纹样哈木尔。

（0401–5.11）汉式狮头雕刻，增添整体的庄严性。

（0401–5.12）佛教莲花灯盏石刻，增添宗教氛围。

（0401–5.13）佛教莲花灯盏石刻。

六、蒙古风情园蒙古包（四）

（0401–6.1）蒙古包顶部纹样，“卍”字纹与盘长纹饰相结合，在色彩方面采用金色。

（0401–6.2）该纹饰位于蒙古包顶面，运用了汉式纹样中的方胜，亦可理解为蒙式纹样中盘长的变形纹样，属于汉式和蒙式纹样相融合的产物，再结合卷草纹组合而成，通体为金色。

（0401–6.3）该纹饰位于蒙古包顶面，由卷草纹和圆形纹样组合而成，通体为金色。

（0401–6.4）蒙古包外侧的道旗，上附有飞禽类纹样，红色的飞鸟结合着蓝色旗边组合生成。

（0401–6.5）蒙古包外围栏杆上，由圆环和圆形组合而成，上附着红色。

（0401–6.6）车轮。

七、蒙古风情园蒙古包（五）

（0401–7.1）该纹样位于蒙古包顶部，多个圆形依次排列组合而成，通体为金色。

（0401–7.2）该纹样位于蒙古包顶面，蒙古经典纹样“哈木尔”，通体为金色。

（0401–7.3）该纹样位于蒙古包主门顶部，由几何三角形、火形纹样、圆形组成的太阳的形状，两边圆形一次排开，粗细不一的条状曲线放射排列，形成韵律、节奏感，通体为金色。

（0401–7.4）该纹样位于蒙古包的主门部位，汉、蒙结合的主门上装饰着由几何形状、圆形和云纹组合而成的装饰纹样，通体为金色。

（0401–7.5）该纹样位于蒙古包外侧，日月火图案，附着在蓝色旗面上，由红、黄搭配而成。

（0401–7.6）位于蒙古包主门两侧，卷草纹，通体为金色。

八、蒙古风情园蒙古包（六）

（0401-8.1）该纹样位于蒙古包顶部，由圆形和羊形几何组成，通体为金色。

（0401-8.2）该纹样位于蒙古包顶面，经典的蒙式纹样“哈木尔”附着在白色的顶面上，以正负形的形式展现出来，色彩搭配上由金色和白色组合而成，典型的蒙式配色。

（0401-8.3）哈木尔。

（0401-8.4）太阳纹样，该纹样位于蒙古包主门顶部，由火形纹样、圆形组成的太阳的形状，通体为金色。

（0401-8.5）回形纹。

（0401-8.6）该纹样位于蒙古包外围栏杆上，由圆环和圆形组合而成。

（0401-8.7）该纹样位于蒙古包的主门部位，汉、蒙结合的主门上装饰着由几何形状、圆形组合而成的装饰纹样，通体为金色。

（0401-8.8）太阳纹样。

（0401-8.9）该纹样位于蒙古包围栏处，圆形造型。

（0401-8.10）蒙古包外围栏杆上，由圆环和圆形组合而成，起到了扶手的作用，原木色。

九、蒙古风情园蒙古包（七）

（0401-9.1）苏勒德。

（0401-9.2）圆形盾牌，中心为一头猛兽图腾，外圈分别分布着圆环式链条和凸起的圆点，整体呈黑色，金色作为点缀。

（0401-9.3）圆形盾牌中心为一只头顶太阳的展翅雄鹰，外围圈上下对称着月亮，两边排列着火焰图纹，整体为黑色，金色作为点缀。

（0401-9.4）武士盾牌，由卷草纹、几何图形、凸起圆点组合而成，整体为黑色，金色作为点缀。

4.2 鄂尔多斯市蒙古包装饰与纹样

鄂尔多斯，蒙古语意为“众多的宫殿”，是内蒙古自治区下辖地级市，位于黄河河套腹地，地处内蒙古自治区西南部，毗邻晋、陕、宁各民族文化相会交融，受汉文化影响居多。鄂尔多斯地貌类型多样，既有芳草如茵的美丽草原，又有开阔坦荡的波状高原，虽然文化丰富，地形复杂，但当地的原住民还保持蒙古族本土文化。蒙古包是我国民居建筑的重要组成部分，它因地制宜具有独特的艺术特征。

建筑编号	建筑名称	建筑风格	装饰风格	装饰纹样数量
1	其他建筑 2–1	中亚建筑	汉、蒙式风格	4
2	蒙古包 2–2	中亚建筑	汉、蒙式风格	5
3	蒙古包 2–3	中亚建筑	蒙式风格	7
4	蒙古包 2–4	中亚建筑	汉、蒙、藏结合	5
5	蒙古包 2–5	中亚建筑	汉、蒙、藏结合	4
6	蒙古包 2–6	中亚建筑	汉、蒙、藏结合	5
7	蒙古包 2–7	中亚建筑	汉、蒙结合	7
8	其他建筑 2–8	中亚建筑	汉、蒙、藏结合	3
9	其他建筑 2–9	中亚建筑	汉、蒙、藏结合	5
10	蒙古包 2–10	中亚建筑	汉、蒙、藏结合	7
11	蒙古包 2–11	中亚建筑	汉、蒙、藏结合	7
12	蒙古包 2–12	中亚建筑	汉、蒙、藏结合	8
13	蒙古包 2–13	中亚建筑	汉、蒙、藏结合	7
14	蒙古包 2–14	中亚建筑	汉、蒙、藏结合	4
15	蒙古包 2–15	中亚建筑	汉、蒙、藏结合	7
16	蒙古包 2–16	中亚建筑	汉、蒙、藏结合	5
17	蒙古包 2–17	中亚建筑	汉、蒙、藏结合	4
18	蒙古包 2–18	中亚建筑	汉、蒙、藏结合	4

一、其他建筑（一）

（0402–1.1）苏勒德。

（0402–1.2）圆环里绘有马的图案。

（0402–1.3）盘长纹变形，与方形边角配适。

（0402–1.4）二方连续的哈木尔纹样组成的装饰线条。

二、蒙古风情包（一）

（0402–2.1）陶脑，上饰蒙式经典纹样“哈木尔”，蓝、白色是典型的蒙式配色。

（0402–2.2）陶脑。

（0402–2.3）哈木尔。

（0402–2.4）盘长纹。

（0402–2.5）马的图案。

三、蒙古风情包（二）

（0402–3.1）陶脑。

（0402–3.2）陶脑。

（0402–3.3）哈木尔。

（0402–3.4）苏勒德。

（0402–3.5）盘长变形纹样。

（0402–3.6）哈木尔纹样。

（0402–3.7）该纹饰为两匹对称的骏马中饰苏勒德，白底红饰。

四、蒙古风情包（三）

（0402–4.1）陶脑上饰哈木尔。

（0402–4.2）陶脑上饰哈木尔。

（0402–4.3）盘长纹和寿字纹的组合。

（0402–4.4）骆驼纹样。

（0402–4.5）盘长纹。

五、蒙古风情包（四）

（0402–5.1）陶脑上饰哈木尔。

（0402–5.2）陶脑上饰哈木尔。

（0402–5.3）哈木尔。

（0402–5.4）哈木尔。

六、蒙古风情包（五）

（0402–6.1）陶脑上饰哈木尔。

（0402–6.2）苏勒德。

（0402–6.3）哈木尔。

（0402–6.4）盘长纹。

（0402–6.5）该装饰纹样位于蒙古包正门，纹样运用了哈木尔、盘长纹与卷草组合的方式，色彩上采用蓝、黄、白、绿，是典型的蒙式配色。

七、蒙古风情包（六）

（0402–7.1）陶脑，上饰蒙式经典纹样“哈木尔”，红、蓝、黄是典型的蒙式配色。

（0402–7.2）陶脑、哈木尔。

（0402–7.3）哈木尔。

（0402–7.4）哈木尔。

（0402–7.5）盘长纹。

（0402–7.6）该门采用哈木尔、盘长纹、卷草纹等多种纹样的变形和组合，用色采用蓝、黄、绿等颜色，红色作为底色，体现了浓郁的蒙古族风味。

（0402–7.7）卷草纹、哈木尔的变形与组合。

八、其他建筑（二）

（0402-8.1）该纹饰位于蒙古包外围的门框上方，由火形纹样、圆形组合而成的火球形象，颜色由金属本色，黄色和红色组成。

（0402-8.2）该纹饰位于蒙古包外围的门框上方，呈骏马飞奔形象。

（0402-8.3）该纹饰位于蒙古包外围的门框上方，整体呈蒙式经典纹样哈木尔的形状，由曲线组成，富有韵律美感，通体呈金黄色。

九、其他建筑（三）

（0402-9.1）哈木尔。

（0402-9.2）哈木尔。

（0402-9.3）盘长纹、寿字纹，寿字纹在笔画上做了一些变形，运用了苏勒德图案。

（0402-9.4）卷草纹。

（0402-9.5）盘长纹。

十、蒙古包风情包（七）

（0402-10.1）陶脑、哈木尔。

（0402-10.2）哈木尔。

（0402-10.3）哈木尔。

（0402-10.4）盘长纹。

（0402-10.5）该纹样位于蒙古包包身，骏马飞驰的形象，通体蓝色的纹饰透露在白色的底面上，蓝、白搭配，典型蒙式配色。

（0402-10.6）该纹饰为蒙古包主门，传统的蒙式门饰，色彩方面蓝、黄搭配，典型的蒙式配色。

（0402-10.7）马的图案。

十一、蒙古包风情包（八）

（0402–11.1）苏勒德。

（0402–11.2）红色圆形搭配点缀，陶敖为黄色，黄、蓝、红搭配的哈木尔，典型的蒙式配色。

（0402–11.3）该纹样位于蒙古包顶面，由曲线和交叉的直线，将白色的底面分割成规则的矩形，颜色方面蓝、白搭配典型的蒙式配色。

（0402–11.4）哈木尔。

（0402–11.5）该纹饰位于蒙古包主门的上半部，由几何形体交错穿插而成，蓝色的纹样镶嵌在红色的门框上，典型的蒙式配色。

（0402–11.6）卷草纹

（0402–11.7）马的图案。

十二、蒙古包风情包（九）

（0402–12.1）陶脑、哈木尔。

（0402–12.2）陶脑、哈木尔。

（0402–12.3）陶脑。

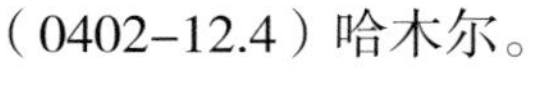

（0402–12.4）哈木尔。

（0402–12.5）哈木尔。

（0402–12.6）盘长纹。

（0402–12.7）骆驼图案。

（0402–12.8）卷草纹。

十三、蒙古包风情包（十）

（0402–13.1）哈木尔。

（0402–13.2）哈木尔。

（0402–13.3）位于蒙古包主门上半部，蓝色纹饰搭配红色门框，典型蒙式配色。

（0402–13.4）马的图案。

（0402–13.5）位于蒙古包主门的中间部位，卷草纹搭配绿色边框，白、绿搭配，典型的蒙式配色。

（0402–13.6）位于蒙古包主门下半部分，由卷草纹和盘长纹组合而成，蓝、绿搭配，典型的蒙式配色。

（0402–13.7）盘长纹。

十四、蒙古包风情包（十一）

（0402–14.1）陶脑、苏勒德、哈木尔纹样。（0402–14.2）二方连续的“T”形纹。

（0402–14.3）盘长纹。

（0402–14.4）该纹饰位于蒙古包主门位置，在方形的门框内以圆为基本形，由卷草纹和几何图形组合而成，通体为原木色。

十五、蒙古包风情包（十二）

（0402–15.1）陶脑、苏勒德、哈木尔纹样。（0402–15.2）哈木尔。

（0402–15.3）该纹饰位于蒙古包上半部，蒙式经典纹饰盘长纹，通体为红色，典型的蒙式配色。

（0402–15.4）哈木尔。（0402–15.5）二方连续的“T”形纹。

（0402–15.6）盘长纹。

（0402–15.7）该纹样位于蒙古包主门位置，由木条穿插而成，中间形成规则矩形，四个边角形成“卍”字，整体纹样呈回形，通体红色，典型的蒙式配色。

十六、蒙古包风情包（十三）

（0402–16.1）该纹饰位于蒙古包顶部的陶脑，顶部为圆锥形顶尖，镂空式的陶脑上嵌有蒙式经典纹样哈木尔，色彩方面金、蓝、白搭配，典型的蒙式配色。

（0402–16.2）哈木尔。

（0402–16.3）哈木尔。

（0402–16.4）回形纹。

十七、蒙古包风情包（十四）

（0402–17.1）陶脑、哈木尔。

（0402–17.2）哈木尔。

（0402–17.3）动物图腾。

（0402–17.4）汉式石狮。

十八、蒙古包风情包（十五）

（0402–18.1）陶脑、哈木尔。

（0402–18.2）哈木尔。

（0402–18.3）卷草纹。

（0402–18.4）马的图案。

4.3 锡林浩特市蒙古包装饰与纹样

锡林浩特市位于内蒙古自治区中部，内含蒙、汉、回、布依、朝鲜、维吾尔、鄂温克等三十多个民族，蒙古族占为主体。锡林浩特市地势南高北低，动植物资源多样，草原类型齐全，素有“草原明珠”的美誉。

建筑编号	建筑名称	建筑风格	装饰风格	装饰纹样数量
1	蒙古包 3–1	中亚建筑	汉、蒙结合	7
2	蒙古包 3–2	中亚建筑	汉、蒙结合	6
3	蒙古包 3–3	中亚建筑	汉、蒙结合	3
4	蒙古包 3–4	中亚建筑	汉、蒙结合	4

一、蒙古包风情包（一）

（0403–1.1）陶脑。

（0403–1.2）哈木尔。

（0403–1.3）该纹饰位于蒙古包边沿处，由矩形长条围合而成，通体黄色，搭配着白色的顶面，典型的蒙式配色。

（0403–1.4）该纹饰位于蒙古包墙体，蒙古武士摔跤图，蓝天白云下，黑衣、蓝裤、绿色的草原，典型的蒙式配色。

（0403–1.5）该纹饰位于蒙古包墙体，蒙古民居生活图景。

（0403–1.6）该纹饰位于蒙古包主门，红色门面装饰着卷草纹。

（0403–1.7）蒙古包外沿位置，采用蒙式纹样中的二方连续的“T”形纹作为线条。

二、蒙古包风情包（二）

（0403–2.1）该装饰物位于蒙古包的顶部，在以圆锥形为基础的基本型下由圆形、椭圆和圆锥组合而成，通体为金色，典型的蒙式配色。

（0403–2.2）哈木尔。

（0403–2.3）牧民套马图。

（0403–2.4）“寿”字纹。

（0403–2.5）哈木尔、卷草纹。

（0403–2.6）二方连续的“T”形纹。

三、蒙古包风情包（三）

（0403–3.1）卷草纹、哈木尔。

（0403–3.2）该纹饰位于蒙古包主门的中部，经典的蒙式纹样卷草纹，金饰白边，搭配着红色的门板，典型的蒙式配色。

（0403–3.3）装饰纹样位于蒙古包正门的下半部。纹样运用了哈木尔与卷草组合的方式。色彩上采用蓝白相间，点缀些金色，是典型的蒙式配色。

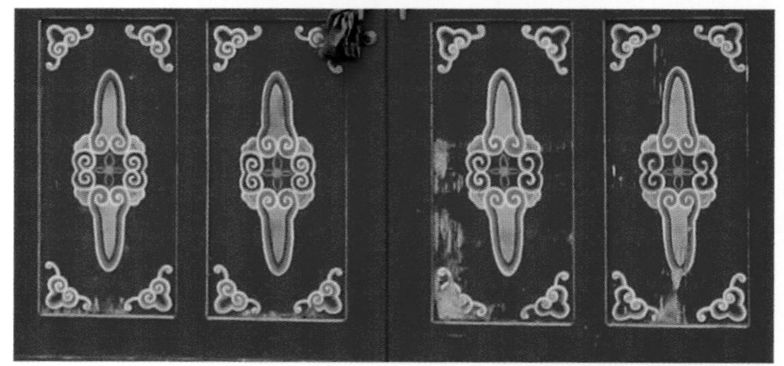

四、蒙古包风情包（四）

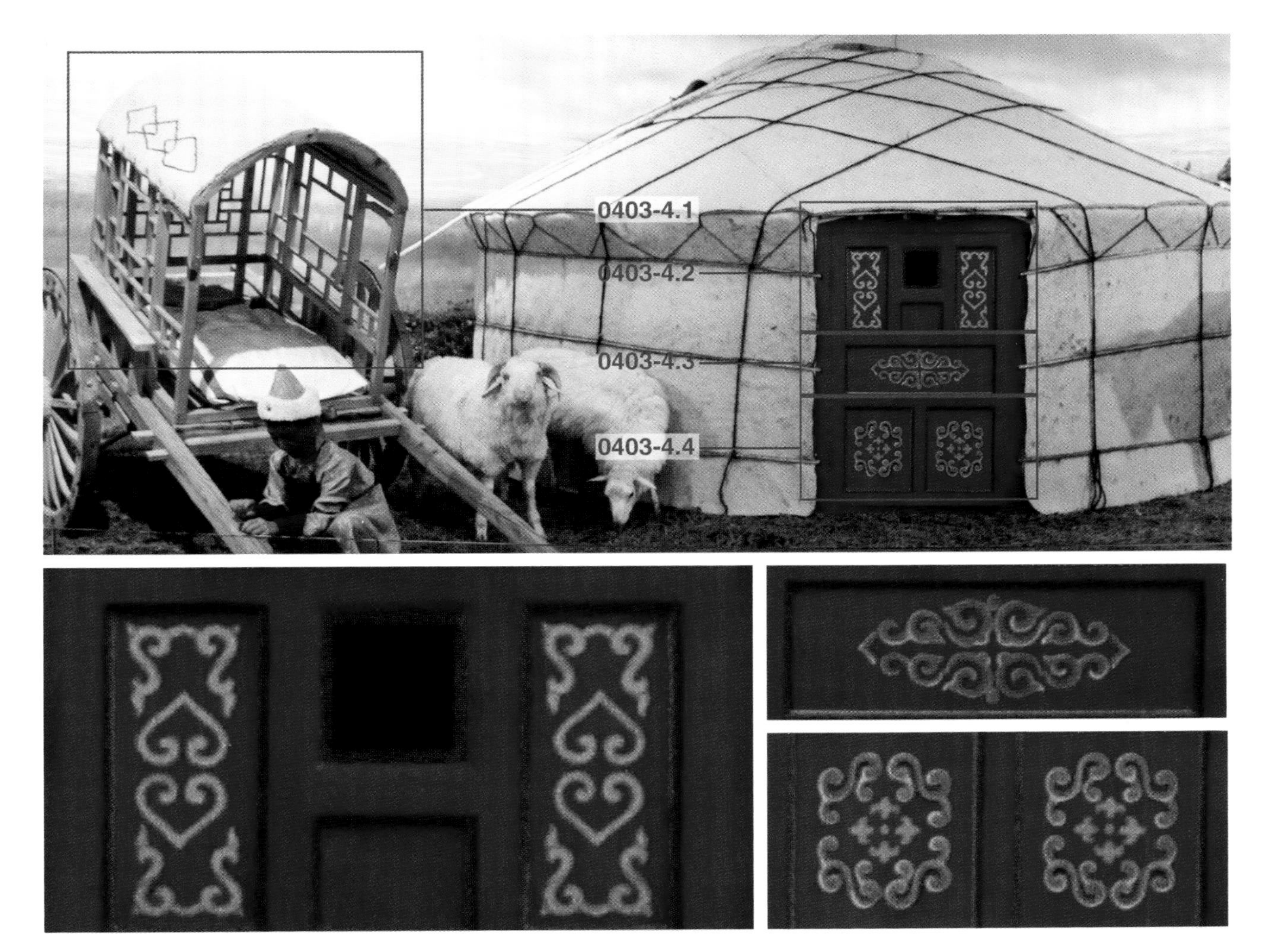

（0403-4.1）勒勒车。

（0403-4.2）哈木尔和卷草纹组合形成的装饰纹样。

（0403-4.3、0403-4.4）卷草纹。

4.4　阿拉善盟蒙古包装饰与纹样

阿拉善盟位于内蒙古自治区最西部，阿拉善盟与宁夏、甘肃接壤，北与蒙古国交接，蒙古文化浓郁。蒙古包分布广泛。

一、阿贵庙蒙古包

（0404–1.1）圆顶陶脑，红色配蓝色的哈木尔图案，典型的蒙式配色和纹样。
（0404–1.2）哈木尔。
（0404–1.3）哈木尔纹样组成的边饰图案。
（0404–1.4）奔马图案。
（0404–1.5）卷草纹。

4.5 其他地区蒙古包装饰与纹样

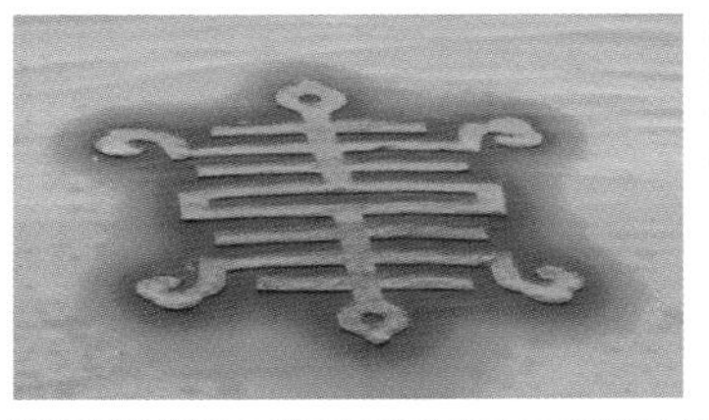

一、通辽市奈曼旗某幼儿园蒙古包

（0405-1.1）陶脑。

（0405-1.2）该装饰物处于蒙古包顶面，“寿”字纹样，金字白底。

（0405-1.3）蒙式经典纹样“卷草纹”。

（0405-1.4）卷草纹。

（0405-1.5）蒙式经典纹样“回形纹”。

（0405-1.6）卷草纹。

二、赤峰市某宾馆蒙古包

（0405-1.7）哈木尔边饰，以蓝白色调为主，是典型的蒙式配色。

第五章　府邸建筑装饰与纹样

5.1　固伦恪靖公主府建筑装饰与纹样

固伦恪靖公主府建于清朝康熙年间，在内蒙古归化城城北（今中国内蒙古呼和浩特）。公主府由皇家督造，其风格与明末清初京畿地区王府相似，采用中国古代建筑体系中传统的中轴对称建筑格局，大面积夯筑地基，硬山式建筑特征。总占地原六百余亩，现存规模近二十亩，府第分四进五重院落，前有影壁御道，后有花园马场，府门、仪门、静宜堂、寝宫、配房、厢房、后罩房依例分布，是目前保留完整的清代公主府第。

一、固伦恪靖公主府正门

（0501–1.1）正脊的吻兽，汉族建筑装饰构件。

（0501–1.2）该装饰位于房檐正下方。核心纹样为卷草纹、盘长纹，两侧又采用了几何纹样。在色彩上，以蓝、绿为主要，配以白、红、黄的吉祥五色，是典型的蒙式配色方法。

（0501–1.3）该装饰位于房檐正下方。核心纹样为中部的龙纹、两侧卷草纹辅以圆适几何纹，图案穿插卷曲在一起。配色上选用蓝、绿、黄为主，是典型蒙式配色。

（0501–1.4）柱与额枋相交的雀替一方面起到力学作用，使柱与额枋的连接更稳固，另一方面也是重要的装饰部位。雀替的装饰纹样运用了云纹及水纹，是典型的汉式装饰纹样。在色彩运用上，以蓝、红、绿为主，是典型的蒙式配色。

（0501–1.5）该装饰位于房檐正下方。核心纹样为卷草纹、盘长纹、中心处的花纹。配色上选用蓝色、绿色为主，配有红、黄，典型蒙式配色。

（0501–1.6）戗脊上的脊兽装饰是典型的汉式建筑装饰手法。

（0501–1.7）该纹样以几何纹样、卷草纹为主，辅以圆适几何纹，图案穿插卷曲在一起。在配色上选用蓝色、绿色为主，是典型蒙式配色。

二、前殿

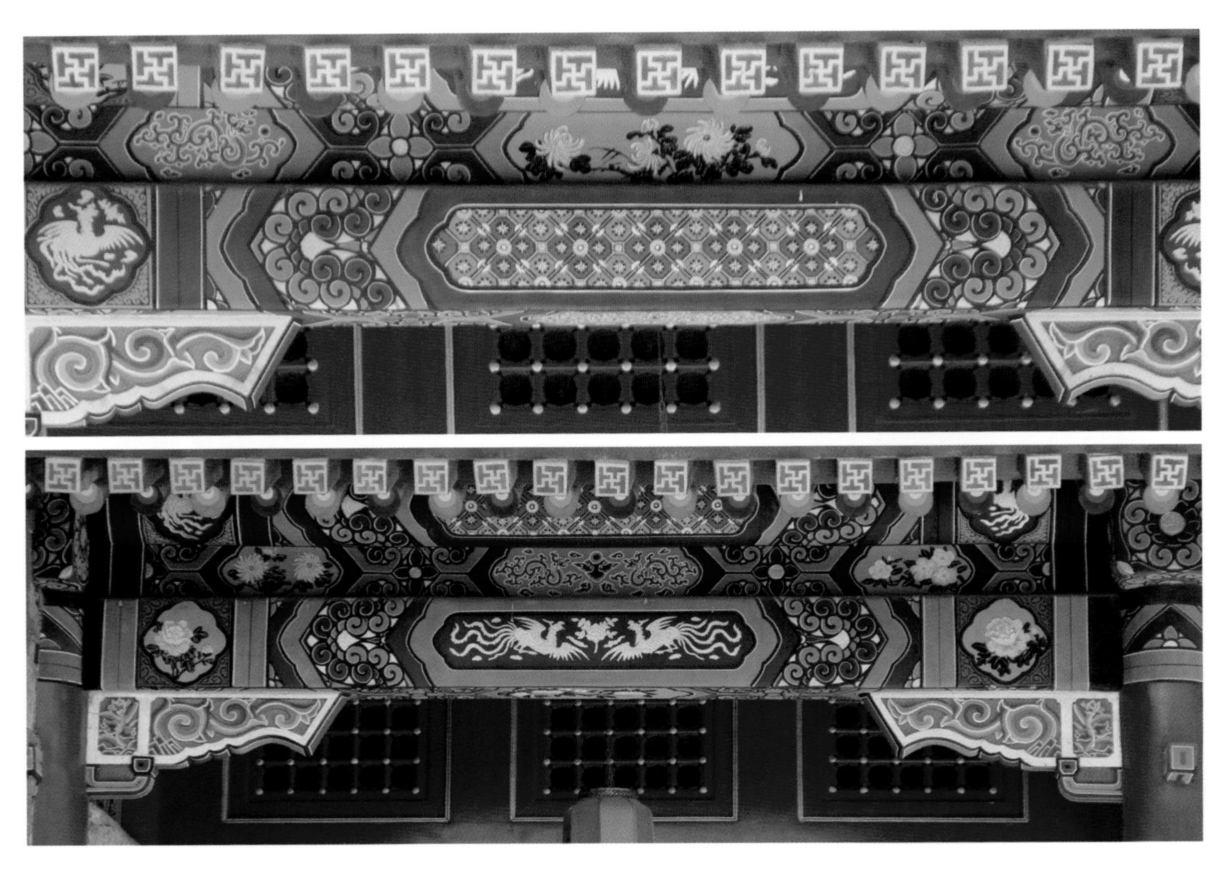

（0501–2.1）正脊的吻兽，汉族建筑装饰构件。

（0501–2.2）脊兽，汉式建筑装饰手法。

（0501–2.3）该装饰处于屋顶前檐下，一列成行。核心的纹样是“卍”字纹。

（0501–2.4）该装饰位于房檐下方。核心纹样为两只凤凰，装饰精美。在配色上选用金黄色、蓝底，配有绿色，是典型蒙式色彩。

（0501–2.5）雀替的装饰纹样运用了云纹及水纹，是典型汉式装饰纹样。

（0501–2.6）瓦饰。

（0501–2.7）典型汉式建筑门扇的装饰手法。

（0501–2.8）铜缸上的动物纹样装饰。

三、仪门侧面

（0501–3.1）脊兽。

（0501–3.2）核心纹样为圆适几何纹、盘长纹，选用红色、绿色，辅以点缀的蓝色色彩。

（0501–3.3）瓦饰。

（0501–3.4）正吻，是典型的汉式建筑装饰手法。

（0501–3.5）瓦饰。

四、正殿（静宜堂）

（0501–4.1）额枋、雀替等建筑构件上绘以图案装饰，包括“卍”字纹、植物纹样、动物纹样、圆适几何纹、卷草纹等。

（0501–4.2）与 0501–4.1 装饰手法类似。

（0501–4.3）传统汉式建筑的窗户形式，窗棱做了更复杂的造型处理。

五、仪门

（0501–5.1）瓦饰。

（0501–5.2）脊兽。

（0501–5.3）卷草纹。

（0501–5.4）位于门上方的柱头装饰，蓝色底色勾金边。

（0501–5.5）正吻。

（0501–5.6）该装饰位于门下，装饰效果强烈。核心纹样为禽类、卷草纹，带有些圆适几何纹。

（0501–5.7）垂花柱，中国传统垂花门的装饰性构件。

（0501–5.8）位于门下方的 T 形金属构件，装饰功能与结构功能并用。

5.2 准格尔王爷府建筑装饰与纹样

准格尔旗王爷府又称贝勒府，位于鄂尔多斯市准格尔旗布尔陶亥苏木境内，是鄂尔多斯市近代史上规模宏大、建筑考究的盟旗王公府邸之一。王爷府分前后三重院落，建筑布局采用中轴式传统布局方法，两厢严格对称构建厢配殿房，建筑朝向坐北面南，院落中央置甬道，自门前起直线贯通后正殿，突显王爷贝勒府邸的权贵与尊严。王爷府周围生态环境良好，地貌相对平坦，视野开阔，景观多样，有湖泊、沙地、草地、林地等。特别是拥有万亩林地，万亩水面，万亩自然沙柳和万亩湿地草垫，点缀有村民种植的桃树、柳树、杨树、杏树等落叶阔叶树种，形成了较为丰富的植物景观。

一、府门

（0502–1.1）脊兽。

（0502–1.2）瓦饰。

（0502–1.3）该装饰以云纹和中心的莲花座为主。

（0502–1.4）匾额下方的装饰主要以龙纹为核心展开。

（0502–1.5）雀替的装饰纹样运用了云纹及水纹，是典型的汉式装饰纹样。

（0502–1.6）戗脊上的脊兽。

（0502–1.7）典型的椽头彩绘装饰。

（0502–1.8）彩绘柱头。

二、正房

（0502–2.1）植物纹样。

（0502–2.2）瓦饰。

（0502–2.4）窗户造型独特。

（0502–2.5）雀替的位置采用了回纹装饰。

（0502–2.6）正吻。

（0502–2.7）脊兽。

（0502–2.8）脊兽。

（0502–2.9）兼具装饰与功能的金属构件。

三、正房侧墙

（0502-3.1）脊兽。
（0502-3.2）脊兽。
（0502-3.3）瓦饰。

四、仪门

（0502-4.1）正吻。
（0502-4.2）砖雕瓦饰。
（0502-4.3）瓦饰。
（0502-4.4）瓦饰。
（0502-4.5）脊兽。
（0502-4.6）瓦饰。

五、厢房

（0502–5.1）砖雕卷草纹，砖雕牌匾依稀可见。
（0502–5.2）卷草纹，下部有 T 形纹二方连续组成的装饰线条。
（0502–5.3）卷草纹。
（0502–5.4）盘长纹衍生纹样与卷草纹相结合的纹样。
（0502–5.5）T 形纹。

六、厢房其余装饰纹样

5.3　喀喇沁亲王府建筑装饰与纹样

喀喇沁亲王府及家庙位于中国内蒙古自治区赤峰市喀喇沁旗王爷府镇，是清代内蒙古卓索图盟喀喇沁右翼旗的王府、佛堂、文武庙和宗祠，2001 年被列为第五批全国重点文物保护单位，现已辟为中国清代蒙古王府博物馆。喀喇沁亲王府始建于清康熙十八年（1679 年），初按郡王府规格建造，乾隆四十八年（1783 年）按亲王府规格扩建。现占地四万平方米，呈中、东、西三路布局。

一、府门

（0503–1.1）彩绘椽头。

（0503–1.2）动物纹样为核心，两侧伴有卷草纹。

（0503–1.3）植物纹样。

（0503–1.4）卷草纹。

（0503–1.5）植物纹样。

（0503–1.6）雀替的装饰纹样运用了云纹及水纹，是典型的汉式装饰纹样。

（0503–1.7）戗脊。

（0503–1.8）核心纹样为连续的回形纹。

二、揖让厅

（0503–2.1）椽头彩绘“卍”字纹装饰。

（0503–2.2）植物纹样。

（0503–2.3）植物纹样为核心，两边饰以卷草纹。

（0503–2.4）几何纹样。

（0503–2.5）彩绘香炉图案。

三、戏台

（0503–3.1）正吻。

（0503–3.2）戗脊。

（0503–3.3）绘以斗拱造型，旁边绘有车轮图案，具有蒙古族特点。

（0503–3.4）该装饰核心纹样为左侧圆式几何纹、右侧植物纹样。

（0503–3.5）该装饰核心纹样为典型蒙式图形。在配色上选用了蓝色、绿色。

（0503–3.6）雀替的装饰纹样运用了卷草纹及回纹。

（0503–3.7）卷草纹及几何纹样的结合。

四、丹霞楼

（0503–4.1）

运用了卷草纹，位于楼间外侧，连续排列。镶有金边。

（0503–4.2）

T字形、哈木尔纹。配色上红底配金色。是典型的蒙式建筑装饰纹样。

五、后花园亭

（0503–5.1）戗脊。

（0503–5.2）彩绘椽头。

（0503–5.3）该装饰位于房檐下方。核心纹样为植物纹样、回形纹。在配色上选用红、绿、黄、蓝、白，经典的蒙式五色。

（0503–5.4）脊兽。

（0503–5.5）传统建筑窗棱不同部位的应用。

（0503–5.6）镂空卷草纹而成的雀替。

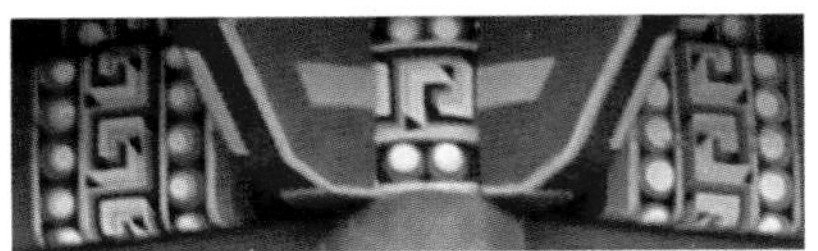

六、仪门

（0503–6.1）卷草纹。

（0503–6.2）垂花柱。

（0503–6.3）核心纹样为彩绘山水画，两侧用哈木尔纹样将其围合，再分别用卷草纹和回形纹装饰。

（0503–6.4）核心纹样为连续的卷草纹，两边饰以回形纹。

（0503–6.5）回形纹。

（0503–6.6）雀替的装饰纹样运用了云纹及水纹，是典型的汉式装饰纹样。

七、书塾

（0503–7.1）戗脊及瓦饰。

（0503–7.2）几何纹样。

（0503–7.3）窗棂运用了汉式纹样，属于汉式和蒙式风格相融合的产物。

（0503–7.4）彩绘柱头装饰。

（0503–7.5）窗棂上部运用了汉式纹样中，亦可理解为蒙式纹样中T形纹样的衍变。

八、其他建筑

（0503–8.1）脊兽。

（0503–8.2）脊兽。

（0503–8.3）瓦饰。

（0503–8.4）较具象的植物纹样。

（0503–8.5）龙纹与植物纹样结合的纹样，局部造型采用了哈木尔纹样。

（0503–8.6）植物纹样。

（0503–8.7）砖雕纹样，内容为葫芦。

第六章　宗教建筑装饰与纹样

6.1　大召寺建筑装饰与纹样

大召寺是中国内蒙古呼和浩特玉泉区南部的一座大藏传佛教寺院，属于格鲁派（黄教）。大召寺中的“召”为藏语寺庙之意。汉名原为“弘慈寺”，后改为“无量寺”。因为寺内供奉一座银佛，又称“银佛寺”。大召寺是呼和浩特最早建成的黄教寺院，也是蒙古地区仅晚于美岱召的蒙古人皈依黄教初期所建的大型寺院之一，在蒙古地区有大范围的影响。

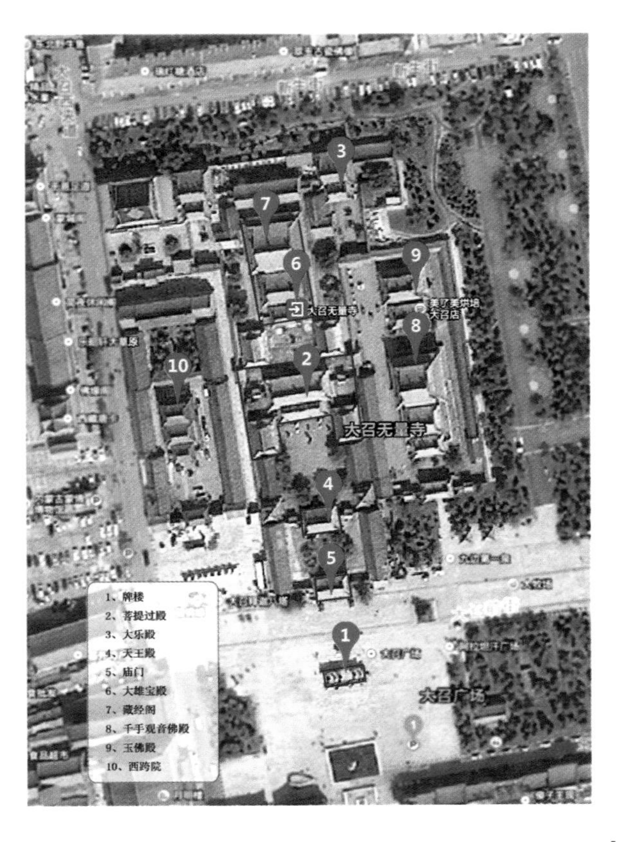

一、牌楼

（0601–1.1）该装饰位于牌坊的正脊上，名为吻兽，传说可以驱逐来犯的厉鬼，守护家宅平安，并可求丰衣足食，人丁兴旺，是汉族传统装饰。

（0601–1.2）该装饰位于垂脊之上，又称“垂脊兽”，作为瓦钉的装饰物，也是地位的象征。

（0601–1.3）该装饰位于牌楼匾额上，中间的核心纹样是佛教中的宝相花与卷草纹组合而成，两边以盘长纹作为装饰。

（0601–1.5）此图为牌匾，四周由连续的 T 型纹。

（0601–1.6）该部位的装饰以四方连续的集合纹样为中心展开，两侧采用了蒙式纹样中的卷草纹和圆适几何纹。

（0601–1.7）该装饰位于瓦檐下，呈圆形，图形外围为蒙式建筑特色的卷草纹饰，中心为龙纹。

（0601–1.8）装饰以中国龙图腾作为装饰核心，以卷草纹连接在一起，周围以蒙式的哈木尔纹饰点缀。

（0601–1.9）该装饰中心以四方连续的几何纹样连接起来，四周围绕着哈木尔纹。

（0601–1.12）该装饰以蒙式文字为主，两边几何纹样作为装饰。

（0601–1.13）雀替。

二、菩提过殿

（0601–2.2）该部件为“祥麟法轮”中法轮的部件。

（0601–2.3）吻兽。

（0601–2.4）苏勒德，是蒙古军队的军旗和军徽，带有通天和通神的象征，是战神的标志。

（0601–2.5）该部件为“祥麟法轮”中的双鹿，与双鹿中间的法轮共同组成“祥麟法轮”。

（0601–2.7）该装饰位于戗脊上，形状为双龙，颜色主体为金色，以红色为点缀。

（0601–2.8）该装饰部位采用了卷草纹的装饰，卷草纹的轮廓与建筑构件的轮廓吻合。

（0601–2.10）该装饰纹样位于正殿侧门。纹样运用了哈木尔的衍生纹样。

三、大乐殿

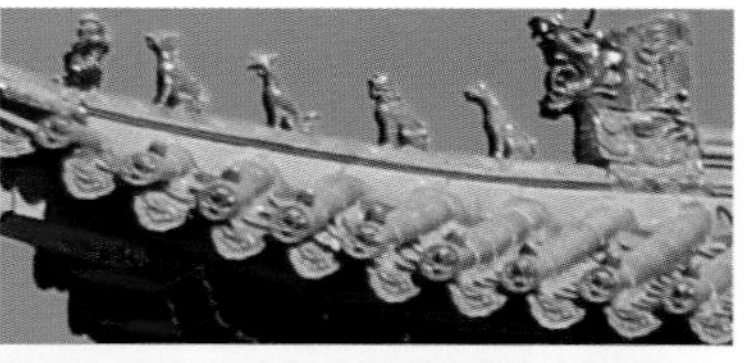

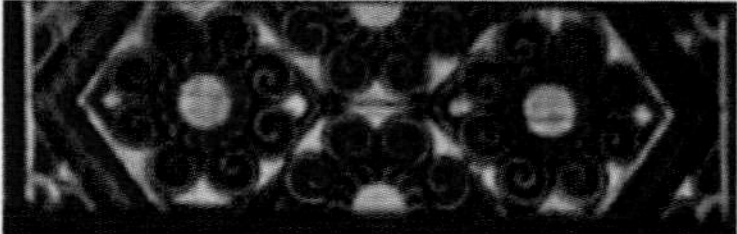

（0601–3.4）该装饰位于垂脊上，名为吻兽。

（0601–3.5）采用一圈连续的龙纹进行装饰，有明显的汉族特征。

（0601–3.6）该部位的装饰以四方连续的几何纹组成，两侧采用了蒙式纹样中的卷草纹和圆适几何纹，在色彩上以蓝、绿为主。

（0601–3.8）该装饰为民族文字。

（0601–3.9）十相自在和龙纹组合。

（0601–3.10）柱头上的十相自在，下方为龙头纹样。

（0601–3.11）石雕围栏，核心纹样为云纹，四周辅以回形纹围合。

四、南泰门

（0601–4.2）二方连续的植物纹样。

（0601–4.3）卷草纹。

（0601–4.4）卷草纹做牌匾的装饰边框。

（0601–4.5）该装饰位于大门四周，运用典型蒙式纹样中的哈木尔作为装饰。

五、庙门

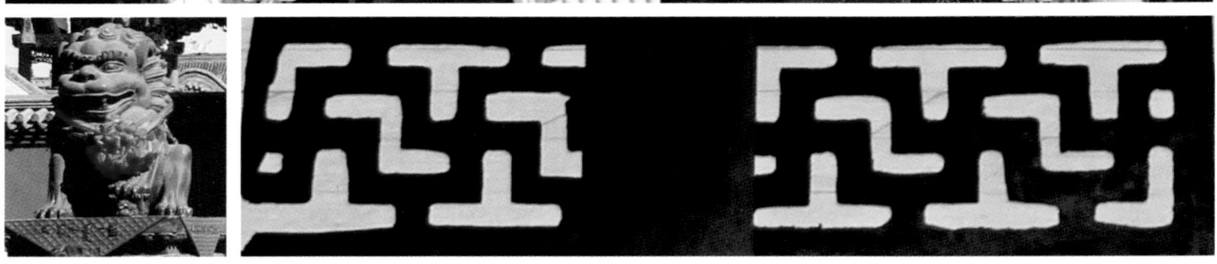

0601-5.4 0601-5.8	
0601-5.5	0601-5.9

（0601–5.1）该部件为藏传佛教的经典装饰物。

（0601–5.4）该装饰特点在于匾额边框上的龙图腾，是典型的汉式装饰。

（0601–5.5）狮子造型。

（0601–5.8）大召寺的门头装饰纹样，采用龙纹和佛像的结合。

（0601–5.9）该装饰是走廊的围栏装饰，应用了“卍”字纹的衍变纹样。

六、偏殿

（0601-6.1）该装饰中心为汉式的龙图腾，两边运用了卷草纹和佛教中的法轮。

（0601-6.2）该纹饰装饰在柱头，运用了卷草纹。

（0601-6.3）该装饰中心用几何图形连接，两边有卷草纹和方形几何纹。

（0601-6.4）该部位为雀替，装饰纹样为卷草纹和祥云。

（0601-6.5）该装饰位于大门门头，是佛教八宝中的莲花纹样。

（0601-6.6）该装饰位于大门两侧，是佛教中的十相自在。

七、侧门

（0601–7.1）苏勒德。
（0601–7.2）该装饰是盘长纹和卷草纹的结合。
（0601–7.3）该装饰由盘长纹和卷草纹的结合。

1、牌坊门
2、庙门
3、正殿
4、佛塔
5、敖包
6、白塔群
7、其他建筑

632县道

6.2　苏里格庙建筑装饰与纹样

苏里格庙位于鄂托克旗苏米图苏木苏里格嘎查境内，距乌兰镇 50 千米，此庙相传建于 1228 年。明清两朝藏传佛教在鄂尔多斯地区广泛传播，蒙古族古老的祭祀活动中渗透了许多佛教内容。因此，于清光绪三十三的 (1907 年) 在苏里格敖包脚下修建了佛教寺庙苏里格庙。原有藏式大经堂 25 间，12 间明王殿、佛塔、喇嘛住宅等建筑。后因战乱和年久失修而遭到破坏，近年经过修缮现已成为鄂尔多斯市最大寺庙。苏里格庙古朴壮观，庙建于坐南朝北山上，由庙南大门台阶而上历九九八十一个台阶，意成吉思汗在此祭旗杀九九八十一只绵羊而征西夏。寺庙内有四柱三楼台牌坊、山门、正殿、佛塔、佛爷商、纳银商、蒙古敖包等仿古建筑。

建筑编号	建筑名称	建筑风格	装饰风格	纹样数量
1	山门	汉式	汉、蒙、藏结合	12
2	庙门	汉式	蒙、藏结合	9
3	正殿	汉、藏结合	蒙、藏结合	7
4	佛塔	藏式	藏式	6
5	敖包	蒙式	蒙式	3
6	白塔群	藏式	藏式	3
7	其他建筑	汉藏结合	蒙、藏结合	9

一、苏里格庙山门

（0602–1.1）

位于建筑正脊上的吻兽，汉式建筑装饰构件。

（0602–1.2）

脊兽，汉式建筑装饰构件。

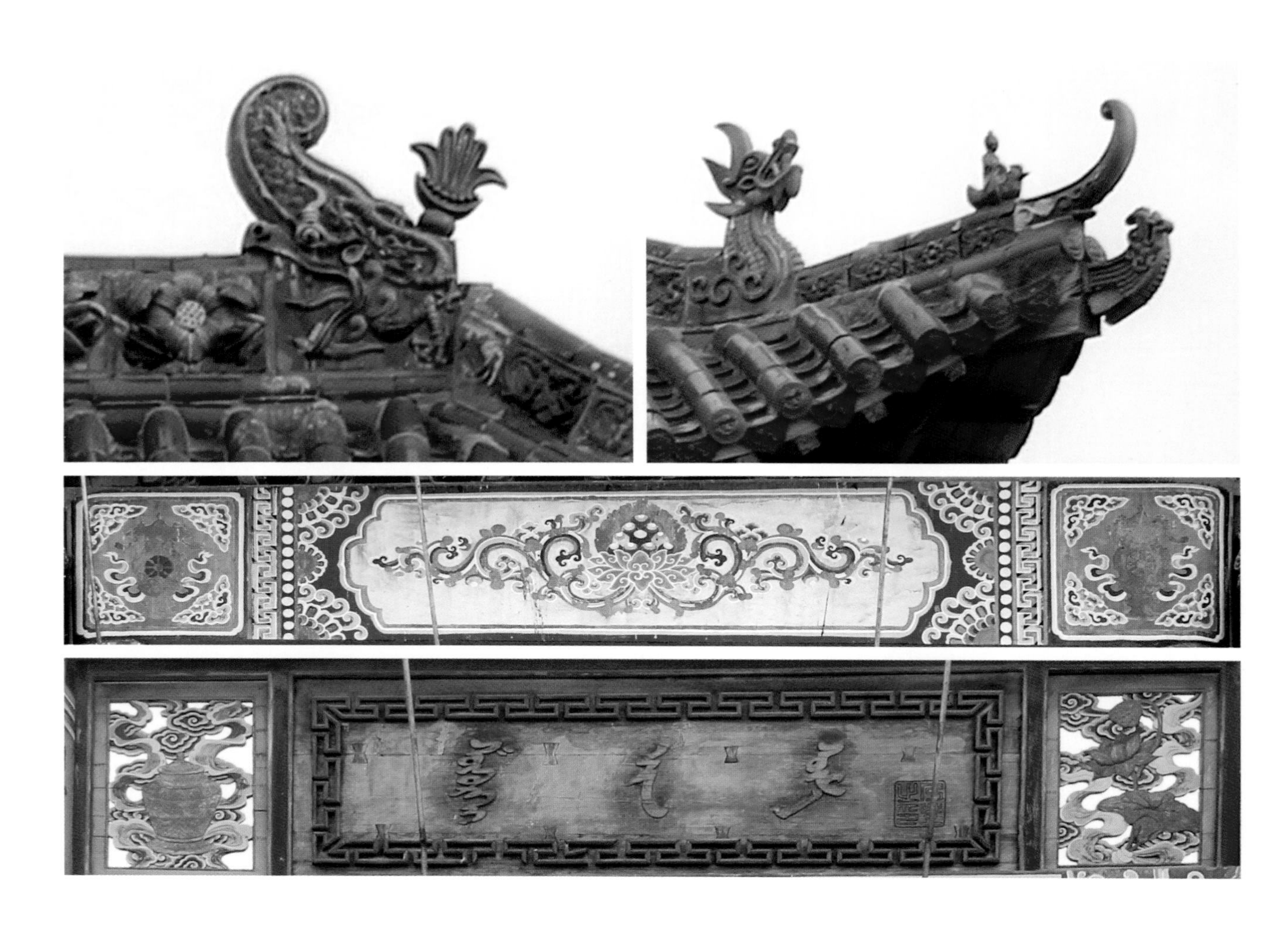

（0602–1.3）该装饰部位处于山门牌楼匾额上方的额枋上。其中间核心的纹样是由佛教中的宝相花与卷草纹组合而成，两边配以佛教“七宝八祥”中的宝瓶图案，在宝瓶图案上绘制了法轮图案。在额枋的其余位置采用蒙式纹样中的“T”型纹、“圆适几何纹”辅以装饰。在装饰配色上，以蒙古族传统的蓝色为基础，点缀一些红色与黄色等，是典型的蒙式配色。

（0602–1.4）匾额采用一圈连续的“T”型纹将文字包围，起到装饰作用。“T”型纹是蒙古族建筑装饰的核心纹样。匾额通体蓝色，是典型的蒙式色彩运用。

（0602–1.5）该部位的装饰以四方连续的几何纹样为中心展开，两侧采用了蒙式纹样中的圆适几何纹。在色彩上以蓝、白为主，点缀以绿、红，是典型的蒙式配色。

（0602–1.6）该装饰纹样以佛教莲花与卷草纹为中心，以三个莲花宝座为主，采用卷草纹将其连接起来。在主纹样两侧采用三列二方连续的哈木尔来配饰该建筑构件的尺寸。哈木尔两侧又采用了几何纹样。在色彩上，以蓝、白为主要，配以绿、红、黄的吉祥五色，是典型的蒙式配色方法。

（0602–1.7）龙纹，为我国元明清时期常见的装饰纹样，也是中华民族的象征图案之一。

（0602–1.8）匾额下方额枋的装饰主要以龙纹为核心展开。龙纹两端以对称的卷草纹饰边。在额枋与柱连接处采用二方连续的哈木尔来作为装饰线条。在色彩上以蓝色为主要，配以白色，再点缀以少量红色，是典型的蒙式配色。

（0602–1.9）柱与额枋相交的雀替一方面起到力学作用，使柱与额枋的连接更稳固，另一方面也是重要的装饰部位。雀替的装饰纹样运用了云纹及水纹，是典型的汉式装饰纹样。在色彩运用上，以蓝、白、绿为主，是典型的蒙式配色。

（0602–1.10）该装饰纹样是典型的藏传佛教图案，中间是盘长，两边分别是法螺与法轮。与之对称的另一侧，中间是双鱼，两边分别是胜利幢与宝伞。在色彩上运用了典型的藏式配色，以褐色为主，配以红、黄、蓝等吉祥五色。

（0602–1.11）新修葺的围栏，运用了较为具象的植物纹样。

（0602–1.12）柱础的装饰因其圆形的特殊造型，采用了围合的二方连续卷草纹样来装饰。

二、苏里格庙门

（0602–2.1）该装饰构件位于建筑正脊中间，属于脊饰。此构件属于典型的藏传佛教装饰符号。在色

彩方面，使用褐色，是典型的藏式色彩。

（0602-2.2）戗脊上的脊兽装饰是典型的汉式建筑装饰手法。脊兽具有迷信色彩，是古代辟邪的作法。

（0602–2.3）庙门匾额蓝底金字，是典型的蒙式配色方法。匾额四周采用龙和祥云的图案，是汉式的装饰方法。

（0602–2.4）梁端的装饰采用圆适的几何纹样，色彩上运用绿、红、蓝的吉祥五色，属于藏式配色。

（0602–2.5）该装饰部位采用了卷草纹的装饰，卷草的轮廓与建筑构件的轮廓吻合。在色彩上，采用纯度较高的蓝色或绿色作为背景色，用纯度较低的相应颜色作为卷草色彩，再勾以白边。相邻两个建筑构件分别采用蓝色系或绿色系。这种配色系统是典型的蒙式配色方法。

（0602–2.6）二方连续的“T”形纹作为线条，与建筑构件本身达到契合状态。在色彩上，蓝、白、红相间，属于典型的蒙式配色方法。

（0602–2.7）雀替的位置采用了龙纹的装饰，龙头较宽，龙尾较窄，较好地与雀替的造型吻合。蓝白祥云与金色的龙纹，是汉式的纹样与色彩搭配。

（0602–2.8）窗棱上部运用了汉式纹样中的方胜，亦可理解为蒙式纹样中盘肠的变形纹样，属于汉式和蒙式纹样相融合的产物。下部运用了四个“卍”字纹相结合。

（0602–2.9）墙体上的卷草纹是典型的蒙式纹样，造型均匀绵长。色彩搭配上采用了纯的深蓝色，是典型的蒙式配色。

三、苏里格庙正殿

（0602-3.1）该脊饰属于典型的藏传佛教装饰符号。在色彩方面，使用褐色，是典型的藏式色彩。

（0602-3.2）正脊或围脊上的“祥麟法轮”是藏传佛教建筑重要的一个装饰部件。所谓“祥麟法轮”是指双鹿平和、顺从地默跪在金轮两侧的造型，是佛教的徽相，代表着佛陀在瓦腊纳西附近斯里那他鹿野苑的首次传法。在色彩上，一般采用金色，是“祥麟法轮”的标准色彩。

（0602-3.3）“祥麟法轮”中的“祥麟”实指双鹿，与双鹿中间的法轮共同组成“祥麟法轮”。色彩上采用金色，是该装饰部件的专属色彩。

（0602-3.4）该装饰部位运用了较多纹样，包括盘肠与卷草的组合纹样、“T”型纹、单独的卷草纹、龙纹等，其中龙纹与云纹相结合。在色彩上，以红色为底色的建筑构件是汉式建筑的特点，纹样本身运用了蓝色、白色、绿色相结合，是典型的蒙式色彩搭配。龙纹采用了金色，是龙纹惯用的颜色。

（0602-3.5）正殿的正门是典型的藏式风格。色彩上以红色为底，金色的装饰纹样装饰，是藏式门较多的作法。圆适的龙纹采用二方连续的几何纹样围合。四角采用对称的卷草纹将中间圆形的纹样围合成方形，以配饰门的方形造型。

（0602-3.6）墙上的浮雕是近些年新建或修葺建筑中常用的方法。以法轮为中心，四角采用卷草将圆形法轮围合成为方形，以配适墙体。

（0602-3.7）该装饰纹样位于正殿的侧门。纹样运用了哈木尔与卷草组合的方式。色彩上采用蓝白相间，是典型的蒙式配色。相邻两扇门分别运用了不同纯度的蓝色以示区分，几扇门连接起来有韵律之感。

四、苏里格庙主佛塔

（0602–4.1）藏传佛教白塔顶部的日月图案。

（0602–4.2）藏传佛教白塔典型装饰造型。

（0602–4.3）藏文的装饰，色彩上运用了吉祥五色，带有浓厚的宗教色彩。

（0602–4.4）藏传佛教白塔塔座最常用的装饰方法。

（0602–4.5）十相自在，典型藏传佛教的装饰图案。

（0602–4.6）佛教中莲花宝座花瓣的别样用法，门扇上采用了七宝八祥中的法轮。

五、苏里格敖包

（0602–5.1）苏勒德是典型的蒙式装饰元素。

（0602–5.2）苏里格敖包字牌装饰样式。

（0602–5.3）蓝色与白色搭配，典型的蒙式配色。

六、苏里格白塔群

（0602–6.1）

藏传佛教白塔典型装饰造型。

（0602–6.2）

龙纹与卷草纹相结合。

（0602–6.3）

神兽图案与法轮装饰相结合。以及白塔转角处图案处理手法及装饰特点。

七、其他建筑

（0602–7.1）、（0602–7.2）、（0602–7.3）、（0602–7.4）：几种不同几何纹样的花窗，其中（0602–7.1）和（0602–7.4）是根据盘长纹演变而来。

（0602–7.5）法轮。

（0602–7.6）苏勒德祭坛中的苏勒德与马的图案。

（0602–7.7）法轮及盘长纹的变形图案，装饰矩形结构的木门，同时木门使用卷草纹作为装饰纹样。

（0602–7.8）藏式建筑典型的配色方法，赭色的主色搭配吉祥五色的点缀。

（0602–7.9）藏式建筑窗户的装饰手法，运用梯形色块包围窗户。

0602-7.8
0602-7.9

1
2
5
4
3
6
北寺
福因寺
1、山门
2、主佛像
3、偏殿
4、主殿
5、影壁
6、塔

6.3 贺兰山北寺建筑装饰与纹样

贺兰山北寺，史称“福因寺”，俗称为“北寺”，该寺是阿拉善王之子在皈依六世班禅后创建的，原名“准黑德”，建于清嘉庆九年（1804）。嘉庆十一年（1806），阿拉善第五代王玛哈巴拉以工程告竣上报于理藩院，嘉庆皇帝赐名“福因寺”，从此，以“福因寺”之名著称于世。

一、山门

（0603-1.1）、（0603-1.2）、（0603-1.3）建筑顶上的“祥麟法轮”是藏传佛教建筑重要的一个装饰部件。所谓“祥麟法轮”是指双鹿平和、顺从地默跪在金轮两侧的造型，是佛教的徽相。山门两侧顶上为转经筒。

（0603-1.4）、（0603-1.5）佛教人物浮雕。

二、主佛像

（0603–2.6）该装饰为与佛像的底座，莲花宝座。

（0603–2.7）该装饰为绕着整座佛像，中间用祥云的纹样连接，颜色为金色，是佛像的典型用色。

三、偏殿

（0603–3.1）正脊或围脊上的“祥麟法轮”是藏传佛教建筑重要的一个装饰部件。

（0603–3.4）该装饰的外围用 T 型纹包围，其中包含了卷草纹和圆适几何纹。

（0603–3.5）该纹样装饰在柱头上，以卷草纹为核心，主题为一朵莲花，颜色上以绿色为主，蓝色、红色、金色点缀其上。

（0603–3.8）该装饰位于建筑正脊上，形象为骆驼。

（0603–3.10）该装饰部位运用了较多纹样，包括盘长纹与卷草纹的组合纹样、单独的卷草纹、龙纹等。

（0603–3.12）该纹样以卷草纹配佛教法轮。

（0603–3.18）哈木尔，蓝色。

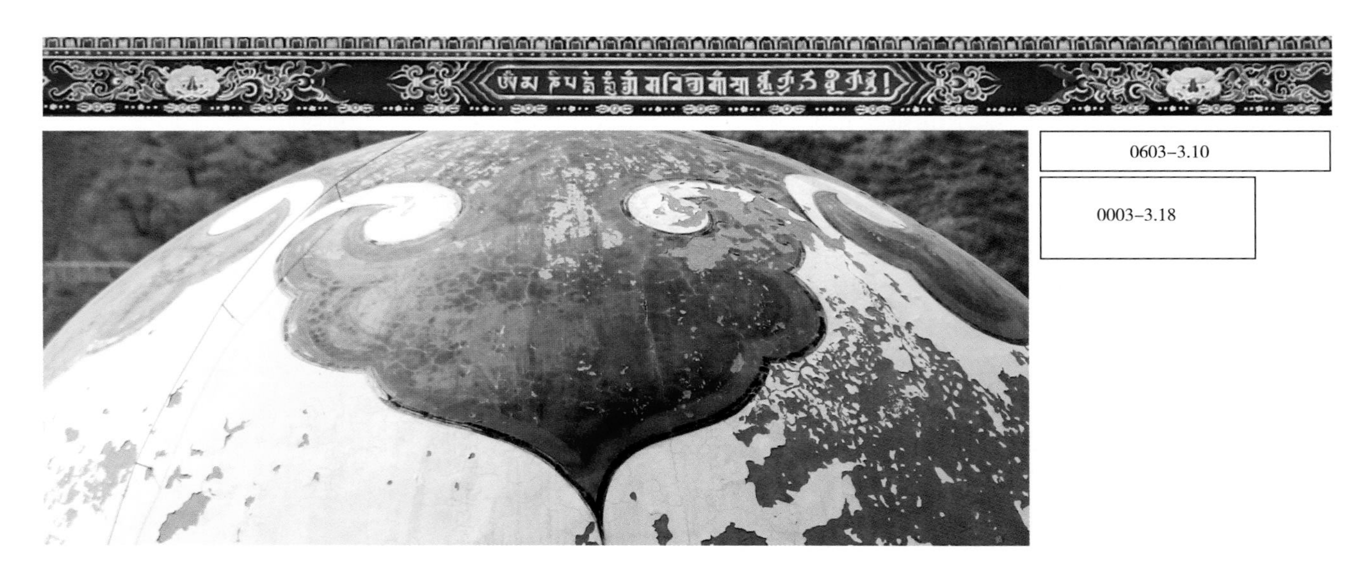

四、主殿

（0603-4.11）该纹是位于柱子间的纹饰，两边的装饰为卷草纹饰，中心为佛教的法轮，是典型的佛教和蒙式纹样结合的纹饰。

（0603-4.12）该纹饰在屋脊下方，采用了卷草纹和哈木尔的结合，主要颜色有红、蓝、绿，造型独特，是蒙式建筑特有装饰。

五、影壁

六、塔

位于贺兰山北寺最后边山上的塔，是一座典型的汉式塔建筑，装饰造型以几何纹样为主。

5
3
2
1
4
1、前殿
2、中殿
3、白塔
4、旧址
5、大殿

6.4 梅力更召建筑装饰与纹样

梅力更召始建于1677年，清朝康熙皇帝赐法名“广法寺”，以诵读蒙文经卷著称。该召庙有24座。1960年，因行政区划变更，归属包头市郊区（现九原区）。解放初期，梅力更召占地面积2.4万平方米，建筑面积4520平方米，共有五座殿堂。

一、前殿

（0604–1.1）正吻。

（0604–1.4）卷草纹。

（0604–1.8）佛教中的法轮，颜色为金色。

二、中殿

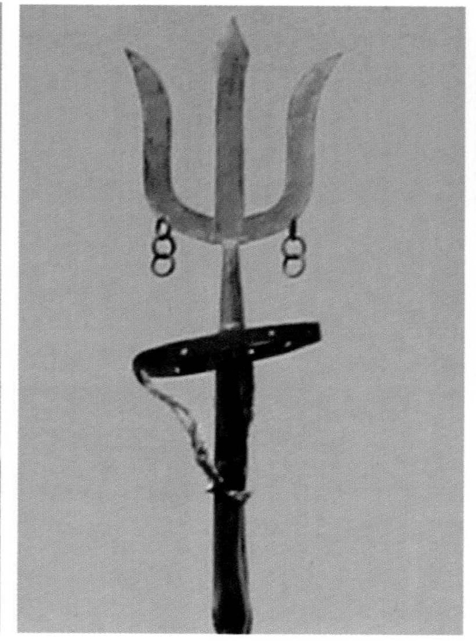

（0604-2.1）正脊上的“祥麟法轮”是藏传佛教建筑重要的一个装饰部件。

（0604-2.2）苏勒德。

（0604-2.4）十相自在。

（0604-2.8）该处装饰以蒙式文字作为装饰，以蓝色为底，红绿点缀其中。

（0604-2.9）植物纹样为核心，四周几何形体用蓝色及赭色。

0604-2.1	0604-2.2	0604-2.4
		0604-2.9

三、白塔

（0604-3.1）日月火图案。

（0604-3.2）彩色装饰点。

（0604-3.3）白塔塔基的典型装饰。

（0604-3.4）寿字纹的衍变纹样，作二方连续形成围栏。

四、旧址

（0604–4.4）云纹。

（0604–4.5）芭蕉扇的砖雕。

五、大殿

（0604–5.3）植物纹样。

（0604–5.4）该纹饰主要是卷草纹和回形纹，颜色以绿色和蓝色为主。

（0604–5.5）该纹饰位于柱头上，应用了哈木尔纹和卷草纹。

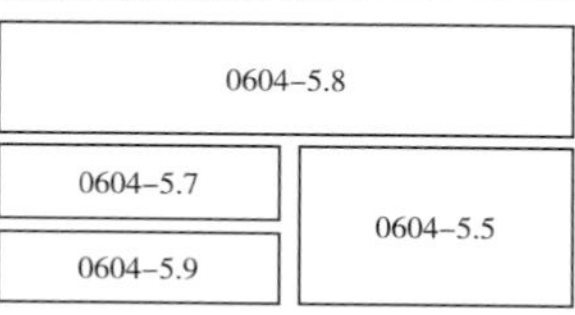

（0604-5.6）镂空的植物纹样。

（0604-5.7）藏传佛教门上的细部装饰。

（0604-5.8）藏传佛教建筑门的形式。

（0604-5.9）该纹饰以植物纹样为中心，四周以卷草纹作为装饰，配色主要为蒙式经典的蓝绿色为主，点缀上红色和黄色。

6.5 五当召建筑装饰与纹样

五当召始建于清康熙年间（公元 1662 年—1722），乾隆十四年（公元 1749 年）重修，赐汉名广觉寺。第一世活佛罗布桑加拉错以西藏扎什伦布寺为蓝本兴建，经过康熙、乾隆、嘉庆、道光、光绪年间的多次扩建，逐步扩大始具今日规模。因召庙建在五当沟的一座叫作敖包山的山坡上，所以通称其名五当召。五当召依地势面南而建。有大小殿宇、经堂、僧舍 2500 余间，占地 300 多亩，分布在 1.5 公里长的山坡上。它是一幢层层依山垒砌的白色建筑，群山环绕。

一、山门

（0605–1.1）法轮及跪鹿。

（0605–1.2）藏式建筑典型的装饰手法，色彩以赭色为底。

（0605–1.3）卷草纹装饰的雀替。

（0605–1.4）以卷草纹为基础，穿插有盘长、哈木尔等图案。

二、大殿

（0605–2.1）五色风马旗。
（0605–2.2）建筑顶部的装饰。
（0605–2.3）苏勒德。
（0605–2.4）转经筒。
（0605–2.5）动物及佛教宝座的图案。
（0605–2.6）十相自在纹。
（0605–2.7）藏式建筑典型的窗户。
（0605–2.8）藏式建筑的门。
（0605–2.9）柱体装饰。
（0605–2.10）窗饰。
（0605–2.11）门前水缸。
（0605–2.12）盘长纹。

6.6　三大寺建筑装饰与纹样

库伦三大寺位于内蒙古自治区库伦旗驻地库伦镇中部。库伦是17世纪建立的古城。城内依北高南低的斜坡分层建筑有壮观的三大寺：兴源寺、福缘寺、象教寺。库伦旗是清代内蒙古唯一实行政教合一的喇嘛旗，是蒙古族崇尚的宗教“圣地”。兴源寺是旗政教中心，福缘寺为财政中心，象教寺为喇嘛住所。

建筑编号	建筑名称	建筑风格	装饰风格	装饰纹样数量
1	山门	现代仿古建筑	汉、藏结合	11
2	兴源寺山门	汉式	汉式	3
3	弥勒殿	汉式	汉式	8
4	福缘寺前殿	藏式	藏式	7
5	福缘寺钟楼	汉式	汉式	4
6	三世佛殿	汉式	汉式	4
7	老爷庙	汉、藏结合	汉、藏结合	4
8	福缘寺侧殿	汉式	汉、藏结合	4
9	院落及墙面	汉、藏结合	汉、藏结合	5
10	钟楼	汉式	汉式	4
11	兴源寺大殿	藏式	藏式	5
12	伽蓝殿	汉式	汉式	3
13	照壁	汉式	汉、藏结合	4
14	象教寺山门	汉式	汉式	7
15	玉柱堂	汉式	汉式	7

一、山门

（0606-1.1）柱形装饰，有雕刻纹样。

（0606-1.2）龙纹。

（0606-1.3）日月火图案。

（0606-1.4）十相自在。

（0606-1.5）蒙文文字。

（0606-1.6）雕刻有龙纹的石柱。

（0606-1.7）动物纹样。

（0606-1.8）石狮。

（0606-1.9）佛教中的七宝八祥。

（0606-1.10）卷草纹。

（0606-1.11）动物纹样。

0606-1.1
0606-1.2
0606-1.3
0606-1.4
0606-1.5
0606-1.6
0606-1.7
0606-1.8
0606-1.9
0606-1.10
0606-1.11

二、兴源寺山门

（0606-2.1）兴源寺山门，装饰图案以卷草纹和哈木尔变形纹样为主体，配以回纹等几何图案组合成形。颜色以蓝绿色为主，以少量金线勾画线条，形成对比。

（0606-2.2）石狮。

（0606-2.3）栏杆上的石狮雕像。

三、弥勒殿

（0606–3.1）正吻。

（0606–3.2）法轮及跪鹿。

（0606–3.3）脊兽。

（0606–3.4）屋檐下方的椽，是建筑装饰的一个重要部位。装饰上采用龙纹、卷草纹等经典纹样，在其后面门头上是三个十相自在的纹样。

（0606–3.5）屋檐下的彩画装饰。采用蓝、绿色为主要基调色，与红色形成鲜明对比。

（0606–3.6）风马旗，白、蓝、红、青（绿）、黄五种色彩代表吉祥。

（0606–3.7）窗饰。

（0606–3.8）石狮。

四、福缘寺前殿

（0606-4.1）椽头彩画是汉族古建筑的传统，这种椽头彩绘在蒙古族古建筑中也被大量采用。

（0606-4.2）福缘寺牌匾的装饰框。（0606-4.3）屋顶的瓦当。（0606-4.4）彩绘椽头。

（0606-4.5）龙纹和卷草纹相结合的柱头彩绘装饰。

（0606-4.6）藏传佛教建筑中的门是整个建筑装饰的一大亮点。该门上既有十相自在，也有太极图案，卷草纹、植物纹样等各式图案装饰俱全。

（0606-4.7）窗饰。

五、福因寺钟楼

（0606–5.1）正吻。
（0606–5.2）彩画装饰的椽头。
（0606–5.3）脊兽。
（0606–5.4）惊鸟铃。

六、三世佛殿

（0606-6.1）屋顶装饰。
（0606-6.2）正吻。
（0606-6.3）屋檐下的斗拱。
（0606-6.4）典型的传统建筑的门。

七、老爷庙

（0606-7.1）图案中有卷草纹和哈木尔组合纹样，配以和建筑构件相适合的几何图案。

（0606-7.2）龙纹、哈木尔、卷草纹以及几何图案的综合使用，完美契合了建筑构件本身的形状。

（0606-7.3）位于门柱上方的哈木尔图纹采用正反耦合的连续图案，形成装饰线条。

（0606-7.4）窗饰。

八、福因寺侧殿

（0606-8.1）屋顶正脊上的装饰。

（0606-8.2）正吻。

（0606-8.3）植物纹、卷草纹、圆适几何纹、几何纹样等。

（0606-8.4）较之 0606-8.3 有较具象的植物纹样。

九、院落及墙面

（0606-9.1）屋顶中央的装饰物。
（0606-9.2）正吻。
（0606-9.3）吉祥五色装饰的窗户。
（0606-9.4）香炉上的盘长纹。
（0606-9.5）龙纹。

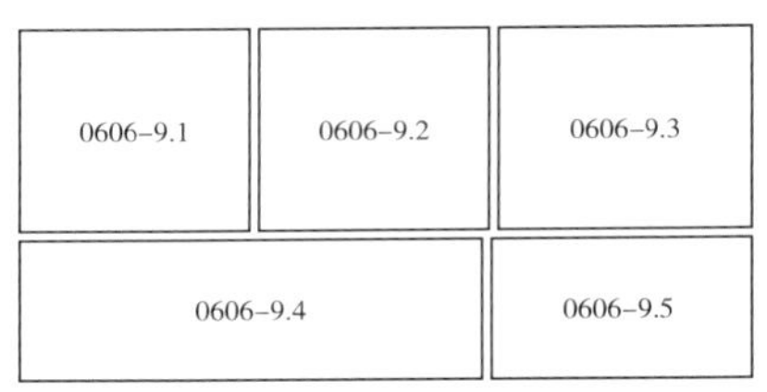

十、钟楼

（0606–10.1）正吻。

（0606–10.2）彩绘装饰，配以卷草纹和几何图案，采用蓝绿色搭配，辅以金线。

（0606–10.3）瓦饰。

（0606–10.4）吉祥五色装饰的门。

十一、兴源寺大殿

（0606–11.1）兴源寺牌匾。

（0606–11.2）圆形窗户。

（0606–11.3）带有彩画装饰的柱体。

（0606–11.4）绘有宝相花及卷草纹的柱头。

（0606–11.5）窗饰。

0606–11.4	0606–11.4	0606–11.3
0606–11.1	0606–11.5	

十二、伽蓝殿

（0606–12.1）屋顶的蹲兽、角兽装饰。
（0606–12.2）屋顶的瓦片。
（0606–12.3）转经筒。

十三、照壁

（0606–13.1）正吻。
（0606–13.2）柱头形式的装饰。
（0606–13.3）麒麟纹。
（0606–13.4）十相自在。

十四、象教寺山门

0606-14.1
0606-14.2
0606-14.3
0606-14.4
0606-14.5
0606-14.6
0606-14.7

象教寺

（0606-14.1）法轮及跪鹿。
（0606-14.2）正吻。
（0606-14.3）脊兽。
（0606-14.4）象教寺牌匾及其装饰。
（0606-14.5）额枋等结构性部件，采用了卷草纹和几何纹等纹样的组合。
（0606-14.6）窗饰。
（0606-14.7）石狮。

十五、玉柱堂

（0606-15.1）正吻。

（0606-15.2）脊兽。

（0606-15.3）动物纹样。

（0606-15.4）植物纹样及卷草纹。

（0606-15.5）动物纹样、佛教中七宝八祥图案及卷草纹等纹样的应用。

（0606-15.6）卷草纹装饰的雀替。

（0606-15.7）青色方柱，下部有莲花宝座的装饰。

第七章　陵墓建筑装饰与纹样

7.1　成吉思汗陵建筑装饰与纹样

成吉思汗陵，位于伊金霍洛草原，是内蒙古自治区鄂尔多斯市伊金霍洛旗新街镇甘德尔敖包，属窟野河上游。成吉思汗陵于 1729 年（雍正七年）迁此，抗日战争期间陵墓八白室迁至青海塔尔寺，1954 年又迁回，修建于 1956 年。陵内有成吉思汗生平功业绘画及其坐像、遗物，并陈列有元代文物。

成吉思汗陵园占地面积约 55000 多平方米，主体建筑由三座蒙古式的大殿和与之相连的廊房组成，建筑雄伟，具有浓厚的蒙古民族风格。由正殿、东殿、西殿和后殿组成，四殿相互连接，殿顶成圆形，房檐都是金黄色、蓝色琉璃瓦镶嵌砌筑，显得格外辉煌壮观。建筑分正殿、寝宫、东殿、西殿、东廊、西廊 6 个部分。金黄色的琉璃瓦在灿烂的阳光照射下，熠熠闪光。圆顶上部有用蓝色琉璃瓦砌成的哈木尔图案，即是蒙古民族所崇尚的颜色和图案。

一、成吉思汗陵牌楼

（0701-1.1）该装饰构件位于建筑正脊中间，属于脊饰。较典型的蒙式符号，使用金色。

（0701-1.2）该装饰位于成吉思汗陵牌楼的匾额处，颜色为白色和金色结合，采用了卷草纹来装饰。

（0701-1.3）该装饰纹样采用了动物来装饰，颜色为白色。

（0701-1.4）该装饰采用了动物来装饰。

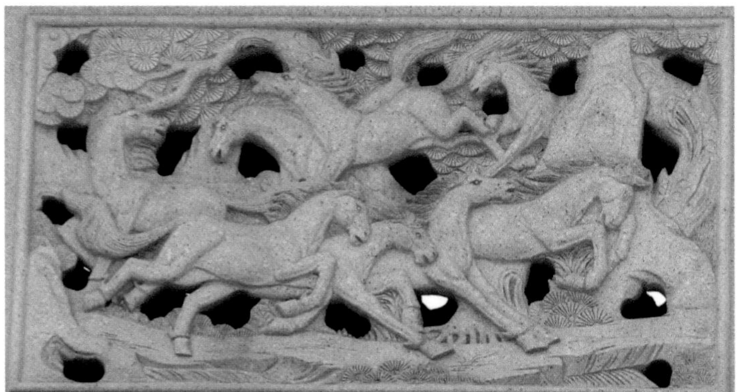

0701-1.2	
0701-1.4	0701-1.3

（0701–1.5）该装饰纹样采用了植物来装饰，颜色为白色。
（0701–1.6）该装饰纹样采用了植物来装饰，颜色为白色和金色结合。
（0701–1.7）用卷草纹来装饰体现出蒙古人对植物的喜爱，中间配以蝙蝠纹样，颜色为白色。
（0701–1.8）该装饰采用了莲花底座作为装饰纹样，上饰哈木尔纹样，颜色为褐色。

二、成吉思汗陵主建筑

0701–2.1　0701–2.2

（0701–2.1）该脊饰属于典型的蒙式装饰符号。在色彩方面，使用褐色。

（0701–2.2）该装饰位于建筑的顶部，纹样采用了哈木尔纹作为装饰，是典型的蒙式装饰纹样。

三、苏勒德祭坛

（0701–3.1）位于建筑的正脊中间，颜色为金色，纹样采用典型的蒙式纹样。

（0701–3.2）位于建筑脊部的两侧，纹样采用卷草纹，颜色为金色。

（0701–3.3）纹样采用连续的波浪纹，颜色为金色。

（0701–3.4）纹样采用连续的回形纹样。

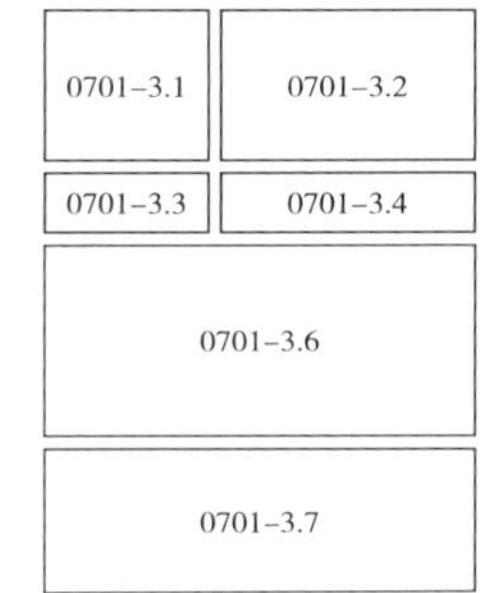

（0701–3.5）该装饰为蒙文图形。

（0701–3.6）纹样为由几何矩形组成的装饰纹样。

（0701–3.7）栏杆上运用了蒙式纹样中盘长的纹样，均匀绵长。

四、成吉思汗陵门（一）

（0701–4.1）该纹样是苏勒德，属于典型的蒙式装饰符号，是蒙古族的战神，带有通天和通神的象征。在色彩上方面，采用金色。

（0701–4.2）该纹样位于门的边缘，以二方连续的“T”形纹作为线条，纹样属于“T”型纹，“T”型纹是蒙古建筑装饰的核心纹样。

五、成吉思汗陵门（二）

（0701–5.1）苏勒德。

（0701–5.2）“T”型纹。

（0701–5.3）装饰位于门上，纹样运用卷草纹，颜色采用金色。

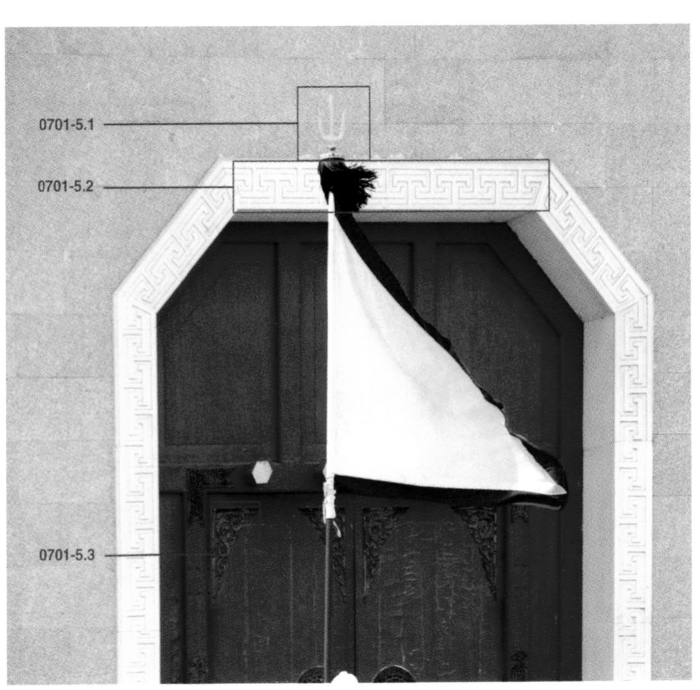

六、成吉思汗陵门（三）

（0701-6.1）纹样位于护栏的墙上，运用了二次连续的哈木尔纹，是典型的蒙式纹样。

（0701-6.2）苏勒德。

（0701-6.3）“T”型纹。

七、成吉思汗陵门（四）

（0701-7.1）苏勒德。

（0701-7.2）装饰线条，运用了哈木尔纹样。

（0701-7.3）“T”型纹。

八、成吉思汗陵门（五）

（0701-8.1）装饰采用了盘长纹与卷草纹的结合，连接处使用寿字纹。

（0701-8.2）卷草纹变形，形成转角用纹样。

（0701-8.3）该装饰采用了盘长纹与卷草纹的结合，其外边框采用了哈木尔纹作为装饰。

（0701-8.4）装饰是以动物狮子的头作为装饰纹样。

0701–8.1	0701–8.2	0701–8.3	0701–8.4

九、成吉思汗陵门（六）

（0701–9.1）该装饰采用了二次连续的哈木尔纹，颜色为金色，是典型的蒙式纹样。

十、成吉思汗陵建筑局部（一）

（0701-10.1）砖块搭成的几何形装饰。

（0701-10.2）该装饰部位采用了回形纹的装饰，回形的轮廓与建筑构建的轮廓吻合。

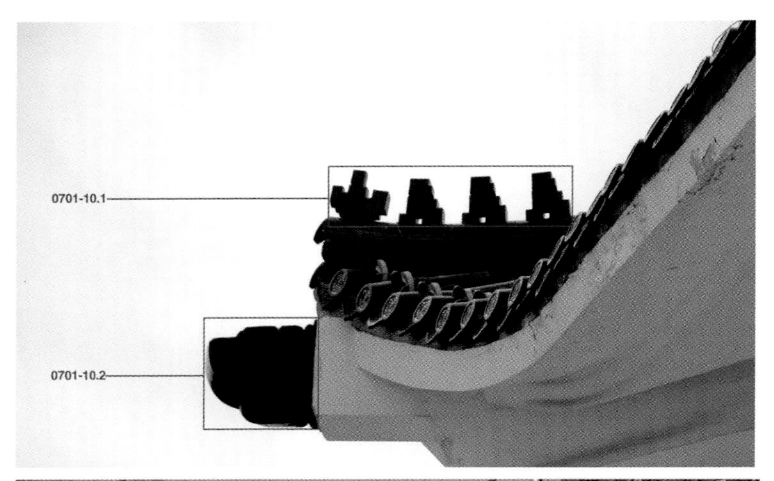

十一、成吉思汗陵建筑局部（二）

（0701-11.1）该装饰位于柱子的顶部，采用了卷草纹来装饰。

（0701-11.2）该装饰位于柱子上，装饰两头采用了卷草纹来装饰。

（0701-11.3）该装饰采用了云纹作为装饰，是典型的蒙式纹样。

（0701-11.4）该装饰纹样采用了回型纹，图案与羊角相似。

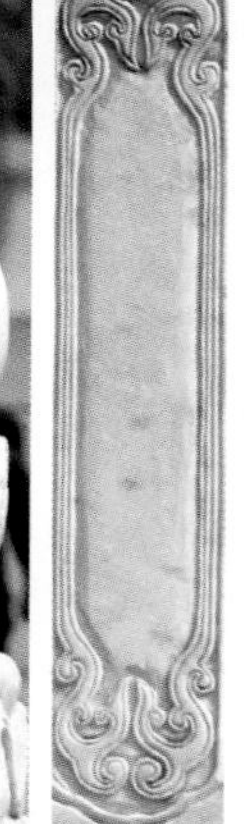

0701-11.1	0701-11.2	0701-11.3
		0701-11.4

十二、成吉思汗陵建筑局部（三）

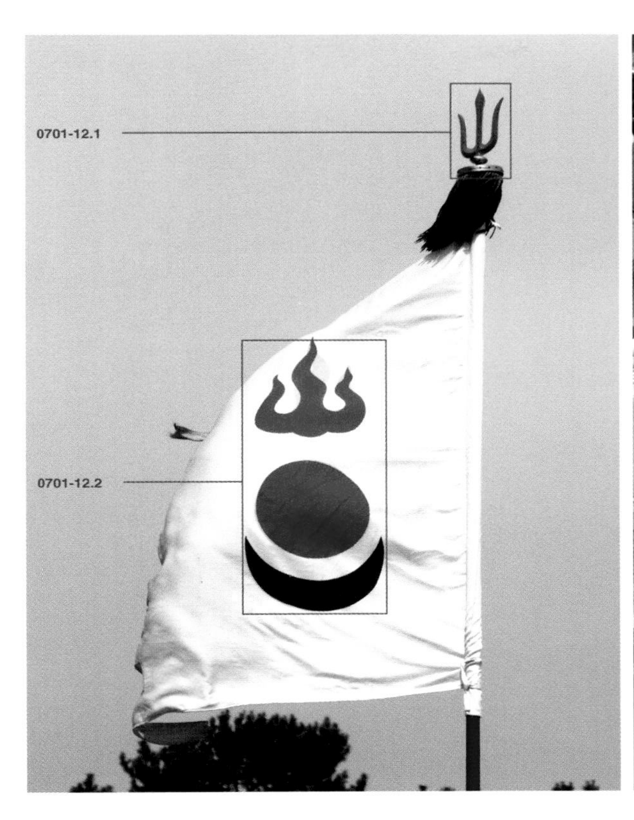

十三、成吉思汗建筑局部（四）

（0701–12.1）苏勒德。（0701–12.2）日月火图案。

（0701–13.1）卷草纹。（0701–13.2）卷草纹。

（0701–13.3）该纹样采用了龙和云纹作为装饰。

（0701–13.4）该纹样为莲花纹，是佛教纹样的一种。

0701-13.1

0701-13.2

0701-13.3

0701-13.4

十四、成吉思汗建筑局部（五）

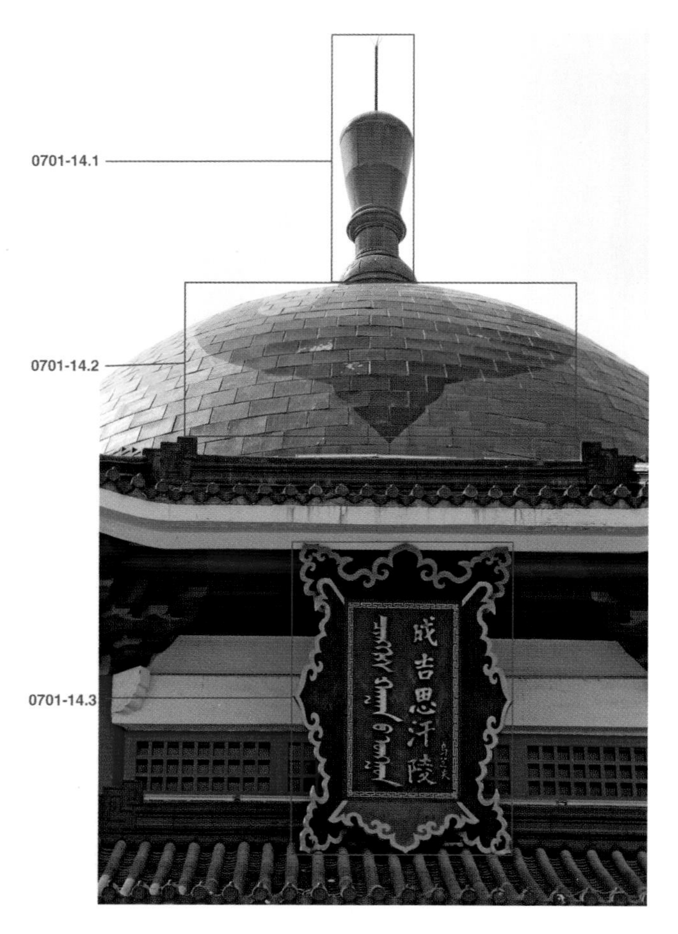

（0701–14.1）该脊饰属于典型的蒙氏装饰符号。在色彩方面，使用褐色。

（0701–14.2）哈木尔。

（0701–14.3）该装饰位于建筑的牌匾，边框采用了卷草纹与哈木尔纹装饰，造型美观。

十五、成吉思汗建筑局部（六）

（0701–15.1）该纹样运用了卷草纹。

（0701–15.2）该纹样运用了对称的卷草纹，造型均匀绵长。

十六、成吉思汗陵建筑局部（七）

0701-16.1
0701-16.6
0701-16.7

（0701-16.1）日月火图案与苏勒德的结合。

（0701-16.2）该装饰纹样外形是火，象征名族繁荣昌盛。

（0701-16.3）卷草纹。

（0701-16.4）该纹样是花的造型。

（0701-16.5）该纹样为波浪纹。

（0701-16.6）该纹样为哈木尔纹，配以卷草纹，是典型的蒙式纹样。

（0701-16.7）运用了动物和云纹图案的结合。

十七、成吉思汗陵建筑局部（八）

（0701–17.1）该纹样位于香炉的顶部，属于哈木尔纹。
（0701–17.2）该装饰采用了卷草纹。
（0701–17.3）该纹样属于“T”型纹，采用连绵不断地图案作边饰。
（0701–17.4）该纹样采用植物纹样，颜色为褐色。
（0701–17.5）该纹样是莲花纹和植物纹样的结合，颜色为褐色。
（0701–17.6）该纹样属于圆适几何纹，颜色为褐色。
（0701–17.7）该装饰位于坛的底座，采用狮子头做装饰，颜色为褐色。

十八、成吉思汗陵建筑局部（九）

（0701–18.1）装饰运用云纹做装饰。
（0701–18.2）该装饰位于护栏的墙上，运用了植物、动物与盘长纹，造型美观。

十九、铁门

（0701–19.1）该装饰位于门的顶部，运用了卷草纹做装饰。

（0701–19.2）该装饰采用对称的龙作为装饰。

（0701–19.3）装饰采用卷草纹。

（0701–19.4）装饰采用对称的卷草纹，造型均匀绵长。

（0701–19.5）装饰运用几何纹样。

（0701–19.6）装饰运用对称植物纹样。

（0701–19.7）装饰采用盘长纹，造型优美，是典型的蒙式纹样。

（0701–19.8）装饰位于门的底侧，采用了连续的植物纹样。

二十、成吉思汗陵建筑局部（十）

（0701-20.1）该装饰采用哈木尔纹，是典型的蒙式纹样。

二十一、成吉思汗陵建筑局部（十一）

（0701-21.1）该纹样运用回形纹，在蒙古族装饰中应用广泛。

（0701-21.2）该纹样位于建筑的屋脊上，采用了连续的植物纹。

（0701-21.3）装饰位于建筑的“翼角”，形式沿袭汉式建筑。

二十二、成吉思汗陵建筑局部（十二）

二十三、成吉思汗陵建筑局部（十三）

（0701-22.1）该装饰位于护栏的墙上，采用了动物纹样，边角使用盘长纹和卷草纹的结合纹样，造型优美。

（0701-23.1）该装饰位于护栏的墙上，采用了动物纹样和盘长纹等。

7.2 敖包装饰

旧时遍布蒙古各地，多用石头或沙土堆成，也有用树枝垒成的，今数量已大减。原来是在辽阔的草原上人们用石头堆成的道路和境界的标志，后来逐步演变成祭山神、路神和祈祷丰收、家人幸福平安的象征。

敖包，最初是道路和境界的标志，起指路、辨别方向和行政区划的作用。在《大清会事例》、《理藩院·疆理》中记载："游牧交界之处，无山河又为识别者，以石志，名曰：鄂博"。此后，在蒙古族中又演变为神物，即使在寻常的旅途中，路经敖包都要下马膜拜。清人祁韵士诗云："告虔祝庇雪和风，石畔施舍庙祀同。塞远天空望无际，行人膜拜过残丛。"

一、成吉思汗陵敖包装饰

二、成吉思汗陵大敖包装饰

（0702-1.1）该装饰位于敖包的顶部，是典型的蒙式装饰，颜色为金色。

三、阿贵庙敖包装饰

（0702-2.1）图案属于日月火图案。
（0702-2.2）该装饰位于蒙古包的顶部，采用了哈木尔纹做装饰。
（0702-2.3）该装饰位于蒙古包上，纹样运用了奔马图形。
（0702-2.4）回形纹变体，颜色为黑色，在蒙古族的建筑装饰上也广泛运用。

四、贺兰山北寺敖包装饰

（0702-3.1）该装饰采用了云纹做装饰。

（0702-3.2）装饰采用了哈木尔做装饰，哈木尔纹是蒙古族图案的核心要素。是典型的蒙式纹样。

(0702-3.3) 该纹装饰位于护栏上，是典型的藏传佛教图案，第一个是法轮、第二个是胜利幢、第三个是盘长纹、第四个宝瓶。

五、贝子庙敖包装饰

第八章　民居建筑装饰与纹样

8.1　布尔陶亥苏木现代民居建筑装饰与纹样

一、布尔陶亥现代民居（一）

（0801–1.1）该装饰位于屋檐下的墙壁上，这个装饰运用了西方的浮雕和卷草纹的纹饰融合，属于当地民间文化和外界文化融合的体现。

（0801–1.2）该装饰位于房子的墙体上，这个装饰运用了西方的浮雕和卷草纹的纹饰融合，属于当地民间文化和外界文化融合的体现。

二、布尔陶亥现代民居（二）

（0801–2.1）该装饰纹样位于窗户上方墙体上，是蒙式典型的回形纹的应用。

（0801–2.2）门上的植物纹样。

（0801–2.3）卷草纹。

（0801–2.4）卷草纹。

（0801–2.5）该装饰纹样的形象接近佛教中的法轮，表现出佛教文化对当地人民生活的影响。

（0801–2.6）同（0801–2.5）。

0801–2.1　0801–2.3

三、布尔陶亥现代民居（三）

(0801–3.1) 该装饰位于屋檐下的墙壁上，这个装饰运用了西方的浮雕和卷草纹的纹饰融合，属于当地民间文化和外界文化融合的体现。

(0801–3.2) 拱形窗户契合蒙古族“尚圆”情节。

(0801–3.3) 灯饰上的圆适几何纹。

四、布尔陶亥现代民居（四）

0801–4.1　0801–4.2　0801–4.3

（0801–4.1）该纹饰运用于房屋墙体上，属于蒙式传统的“T”形纹，颜色上运用了棕色。

（0801–4.2）该脊饰属于常见装饰，带有蒙古风味。

（0801–4.3）该纹饰运用于房屋墙体上，属于蒙式传统的“T”形纹，颜色上运用了红色。

8.2　锡林浩特市区现代民居建筑装饰与纹样

锡林浩特市位于内蒙古自治区中部，是锡林郭勒盟盟府所在，市境南北长 208 公里，东西长 143 公里，总面积 14785 平方公里，包含蒙、汉、回等多个少数民族。

0802-1.1
0802-1.2　0802-1.3
0802-1.4
0802-1.6

（0802-1.1）回型纹。
（0802-1.2）回型纹，蓝色为主色。
（0802-1.3）圆适几何纹，外围运用了哈木尔纹样。
（0802-1.4）几何纹样。
（0802-1.5）圆适几何纹。
（0802-1.6）哈木尔变形纹样。
（0802-1.7）几何纹样。
（0802-1.8）几何纹样。
（0802-1.9）蒙古包哈那结构的符号化应用。
（0802-1.10）寿字纹与卷草的组合纹样。

8.3 鄂托克旗现代民居建筑装饰与纹样

一、鄂托克民居（一）

（0803-1.1）房屋山墙上的蓝色卷草纹。

（0803-1.2）圆适几何纹。

（0803-1.3）盘长纹。

（0803-2.1）卷草纹。

（0803-2.2）盘长纹。

（0803-3.1）典型的陶脑及哈木尔装饰纹样。

（0803-3.2）苏勒德。蒙古族院落前苏勒德祭坛是必不可少的。

（0803-3.3）哈木尔。

（0803-3.4）奔马。

二、鄂托克民居（二）

三、鄂托克民居（三）

8.4　正蓝旗现代民居建筑装饰与纹样

正蓝旗隶属内蒙古自治区锡林郭勒盟，位于内蒙古自治区南部，天堂草原锡林郭勒盟的南端。是一个以蒙古族为主体的多民族聚居区。北部为浑善达克沙地，呈现出沙地草原的自然风光；南部为低山丘陵，展现出草甸草原的美丽景象。

一、正蓝旗民居建筑（一）

（0804–1.1）哈木尔纹样。

（0804–1.2）卷草纹。

（0804–1.3）哈尔木纹样的衍生形。

（0804–1.4）盘长纹变形。

二、正蓝旗民居建筑（二）

（0804–2.1）溯源于宗教建筑的装饰手法。

（0804–2.2）哈木尔纹样。

（0804–2.3）哈那结构的符号化装饰。

三、正蓝旗民居建筑（三）

（0804-3.1）带内部横纹结构的回形纹。

（0804-3.2）回形纹。

8.5 阿拉善民居建筑装饰与纹样

阿拉善盟位于中国西北部，黄河以西，祈连山脉以北。因其地处沙漠地区，在建筑色彩上，较多建筑大面积应用了黄色，与当地环境契合。

一、阿拉善民居建筑（一）

（0805-1.1）核心纹样为中间的彩绘图，四周辅以变形后的盘长纹。

（0805-1.2）狮子的装饰，属汉族的装饰手法。

二、阿拉善民居建筑（二）

（0805–2.1）瓦饰，与汉族瓦饰近似。

（0805–2.2）圆适几何纹。

三、阿拉善民居建筑（三）

（0805–3.1）该装饰位于正门两侧墙壁上。核心纹样为中间的彩绘，四周辅以变形的盘长纹。配色上选用红框、主蓝色调，是典型的蒙式配色法。

四、阿拉善民居建筑（四）

（0805–4.1）该装饰位于外围墙壁处。核心纹样为典型的盘长文、哈木尔纹与卷草相结合的组合纹样。外框为哈木尔纹样衍变而来。配色上选用深褐色。

8.6 包头市民居建筑装饰与纹样

包头是沟通北方草原游牧文化与中原农耕文化之间的交通要冲，公元前307年，赵武灵王在包头地区设九原郡。包头是蒙古语“包克图”的谐音，意为“有鹿的地方”，所以又有鹿城之称，居住着蒙古族、汉族、回族、满族、达斡尔、鄂伦春等31个民族。包头作为内蒙古的经济文化重镇，建筑风格具有显著的蒙式风格。同时受藏传佛教文化影响，包头境内的民居也有较多藏式风格建筑。

一、包头市民居建筑（一）

（0806–1.1）蒙古包顶部造型，配以白底的蓝色哈木尔纹样，是蒙式风格的标志。

（0806–1.2）佛教法轮图案。

二、包头市民居建筑（二）

（0806–2.1）蒙古包顶部造型，配以白底的蓝色哈木尔纹样。

（0806–2.2）圆适几何纹。

（0806–2.3）盘长纹。

三、包头市民居建筑（三）

（0806–3.1）藏式建筑常用的装饰手法。

（0806–3.2）色彩上运用了藏式建筑最常用的赭色。

（0806–3.3）藏式赭色的运用。

四、包头市民居建筑（四）

（0806–4.1）藏式建筑窗户的装饰手法。

8.7　奈曼县民居建筑装饰与纹样

奈曼县与库伦旗连边，西与赤峰市敖汉旗和翁牛特旗接壤，北与开鲁县隔河相望，属中国东北地区。由于其特殊的地理位置，奈曼旗的文化和风俗与东北地区类似。在建筑风格方面，以汉族现代民居为众，兼有少数的蒙式建筑。

一、奈曼县民居建筑（一）

（0807–1.1）苏勒德图案。

（0807–1.2）哈木尔。

二、奈曼县民居建筑（二）

（0807–2.1）苏勒德及日、月、火图案。

（0807–2.2）（0807–2.3）该纹样由哈木尔围合成的圆适几何纹为核心，四角是盘长纹加卷草纹的组合。

（0807–2.4）卷草及“卍”字纹变形。

（0807–2.5）卷草及盘长纹组合。

0807-2.1

0807-2.2
0807-2.3
0807-2.4
0807-2.5

第九章　现代公共建筑装饰与纹样

9.1　蒙古风情园建筑装饰与纹样

一、蒙古风情园天下第一包

（0901–1.1）建筑顶部造型。

（0901–1.2）哈木尔。

（0901–1.3）苏勒德。

0901–1.1	0901–1.2
	0901–1.3

二、蒙古风情园成吉思汗纪念堂

（0901–2.1）香炉。

（0901–2.2）该图案为弓形图案，弓箭是蒙古民族的象征，作为一种图形语言，与蒙古族有着不可分割的联系，常常作为单独符号使用。

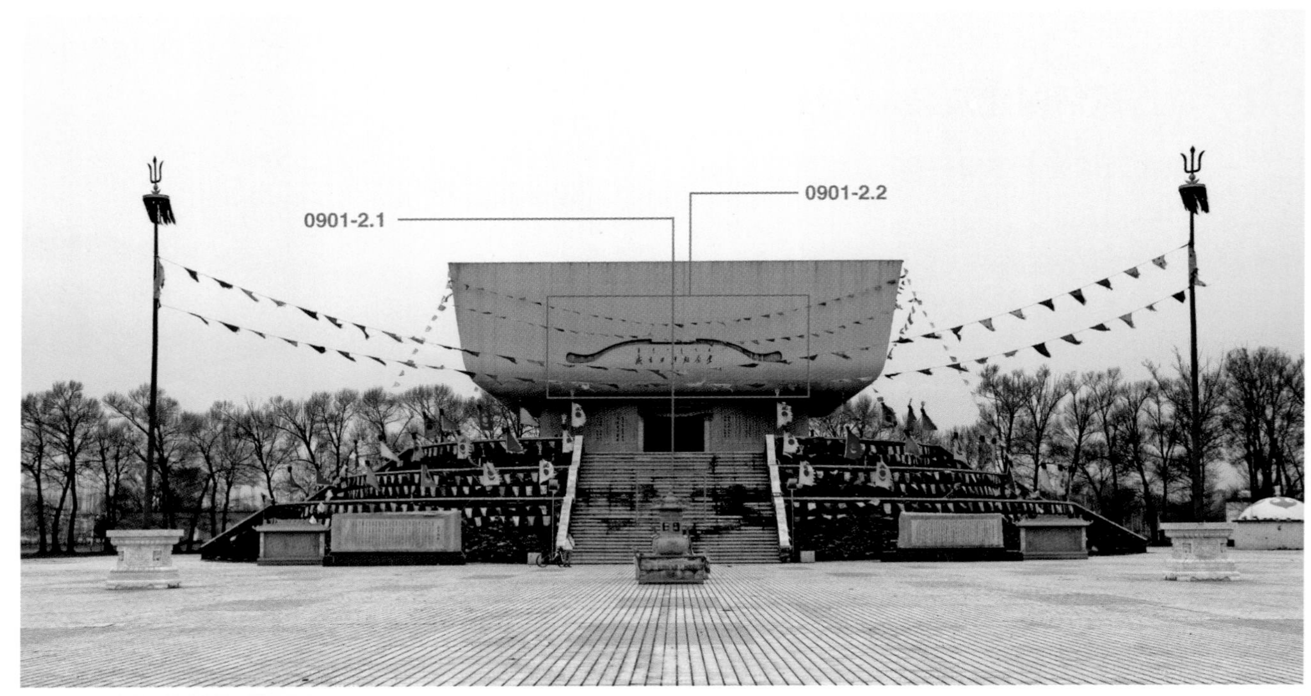

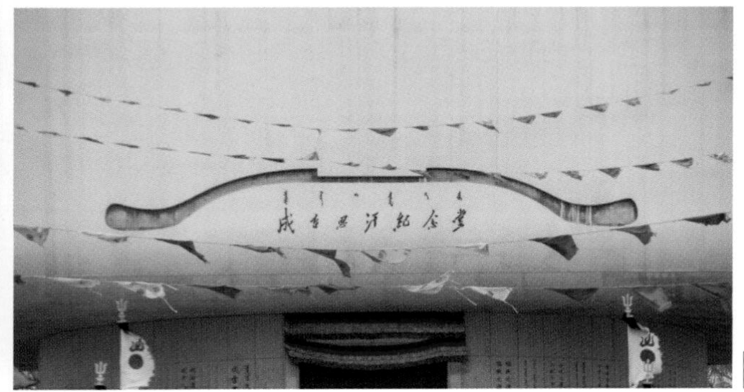

0901–2.1	0901–2.2

9.2 鄂托克蒙古族中学建筑装饰与纹样

一、鄂托克中学建筑

（0902-1.1）该纹样位于蒙古包顶，典型的哈木尔纹样。

（0902-1.2）该纹样主要装上于蒙古包入口的上方，是典型的蒙式纹样卷草纹，结合变形的盘长纹，色彩的搭配上采用了纯金色，亮丽闪耀，其配色是蒙式典型配色之一。

（0902-1.3）“T”形纹，以蓝色最为常见，且连续对称，是典型的蒙式纹样。

（0902-1.4）盘长纹，装饰于墙体上，也是用了蓝色作为唯一的色彩，是五核十四式纹样之一，是蒙式的典型纹样。

（0902-1.5）圆适几何纹。颜色是金色搭配青色，是典型的蒙式搭配色彩。

（0902-1.6）该纹样是由盘长纹和卷草纹结合而成延伸纹样，装饰于苏勒德祭坛。

二、鄂托克中学主教学楼

（0902-2.1）二方连续的哈木尔。

（0902-2.2）回形纹二方连续衍变而来，形成连绵不绝的图案作为墙体上的边饰。

（0902-2.3）蓝色是典型的蒙式色彩。

三、鄂托克中学建筑局部（一）

（0902-3.1）卷草纹和哈木尔结合纹样。

四、鄂托克中学建筑局部（二）

（0902-4.1）二方连续的哈木尔。

五、鄂托克中学体育场看台

（0902–5.1）哈木尔的变形与“T”形纹。

（0902–5.2）盘长纹与卷草纹的结合。

（0902–5.3）卷草纹。

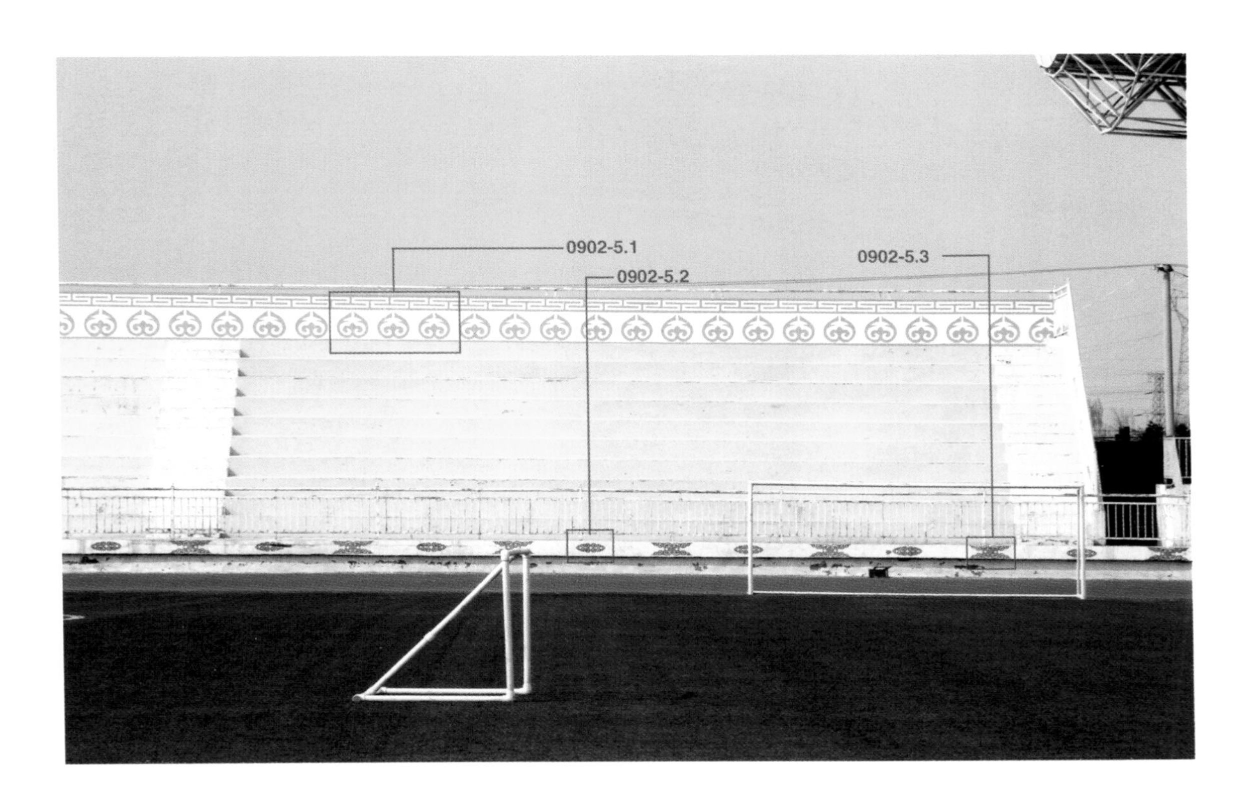

六、鄂托克中学体育场主席台

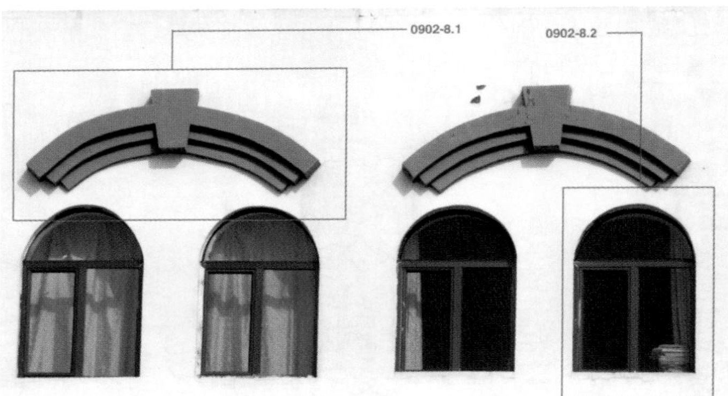

（0902–6.1）哈木尔。

（0902–6.2）哈木尔延伸的适合纹样。

（0902–6.3）二方连续的回形纹。

（0902–6.4）卷草纹。

七、鄂托克中学建筑局部（三）

（0902–7.1）卷草纹。

（0902–7.2）二方连续纹样。

（0902–7.3）苏勒德的造型配以蒙文的艺术化处理。

八、鄂托克中学建筑局部（四）

（0902–8.1）拱形的装饰，符合蒙古族“天圆地方”的传统思想。

（0902–8.2）拱形窗户。

九、鄂托克中学建筑局部（五）

（0902–9.1）盘长纹的变形与卷草相结合的纹样。

9.3 巴彦淖尔宾馆建筑装饰与纹样

一、巴彦淖尔宾馆入口

（0903–1.1）该装饰部位的整体造型与蒙古族帽饰类似。运用了哈木尔纹、卷草纹及云纹等纹样的结合。金色是蒙古族高贵的色彩。

二、巴彦淖尔宾馆建筑局部

（0903–2.1）圆形配以四个对称的哈木尔纹样。

三、巴彦淖尔宾馆主体建筑（一）

（0903–3.1）带有佛教意味的装饰纹样。
（0903–3.2）穹顶形的装饰，与蒙古包乌尼结构相类似。
（0903–3.3）建筑立面的线条起到装饰作用。
（0903–3.4）简单的圆形的排列。

四、巴彦淖尔宾馆主体建筑（二）

（0903–4.1）T 形纹。
（0903–4.2）回纹。
（0903–4.3）蒙古包哈那结构的符号化装饰纹样。
（0903–4.4）动物纹样。

五、巴彦淖尔宾馆主体建筑（三）

（0903–5.1）圆形的装饰构件，符合蒙古族人民尚圆的心理。
（0903–5.2）浮雕。
（0903–5.3）拱形窗户。

9.4 呼和浩特南大街建筑装饰与纹样

（0904–1.1）该纹样为圆适几何纹，多装饰于建筑，颜色为黄色，是典型的蒙式纹样。

（0904–1.2）二方连续的回形纹作为墙面装饰，与建筑本身到达一个很好融合状态。在色彩上，蓝底黄纹，是蒙蒙古族经典配色，是典型蒙式纹样。

（0904–1.3）–（0904–1.6）蒙式风格的装饰图案。

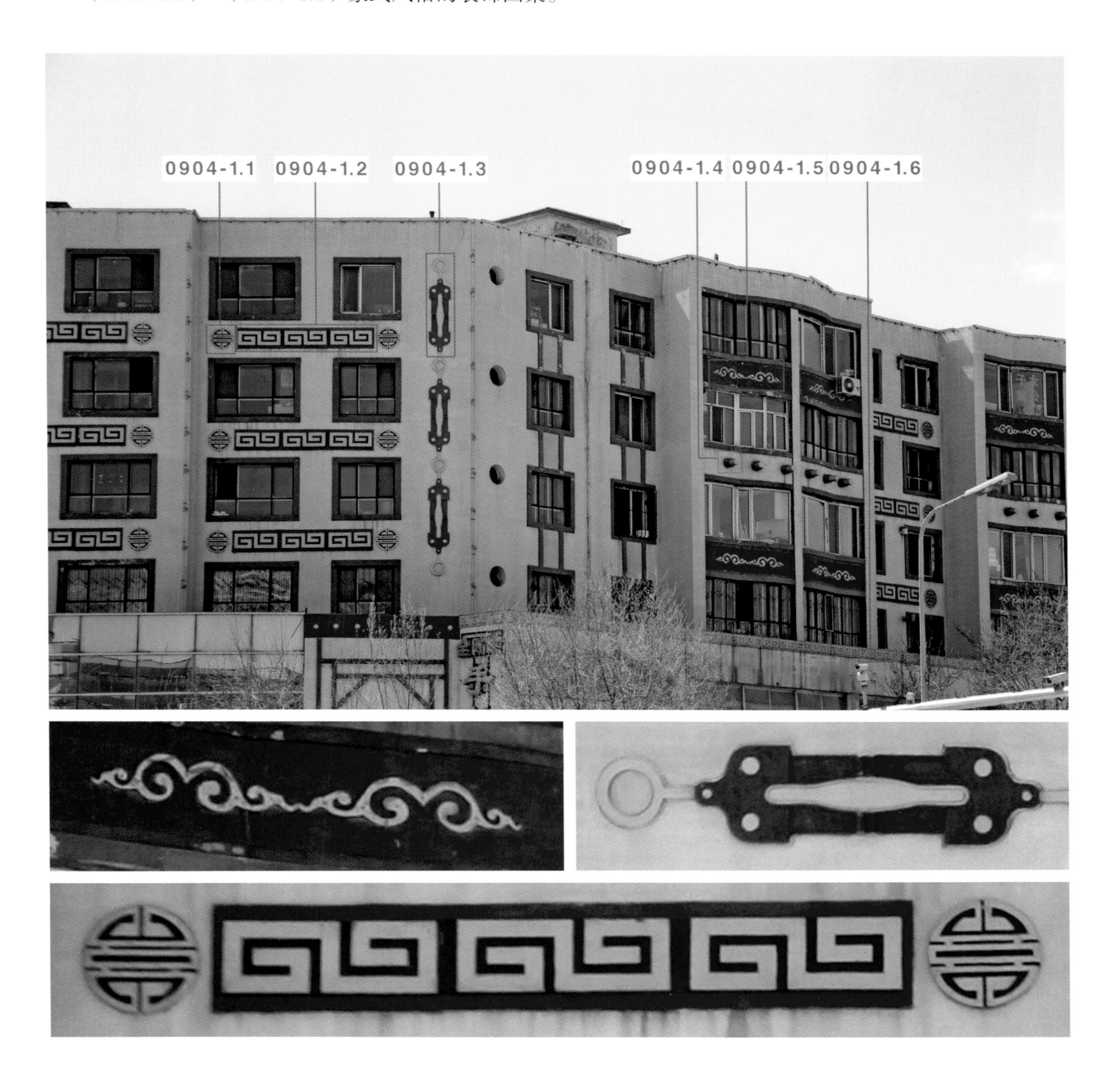

9.5　锡林浩特额尔敦路商业街建筑装饰与纹样

一、额尔敦路商业街建筑（一）

（0905-1.1）该装饰左右对称，色彩上采用蓝白相间，是典型的蒙式配色。

（0905-1.2）与 0905-1.1 成上下对称。

（0905-1.3）该装饰倒“S”回形纹二方连续作为线条装饰在建筑上。在色彩上，蓝、白相间，属于典型的蒙式配色方法。

二、额尔敦路商业街建筑（二）

0905-2.6
0905-2.7

（0905-2.1）哈木尔。

（0905-2.2）倒“S”形回纹。

（0905-2.3）云纹，色彩上运用白色，有蓝天白云之意。

（0905-2.4）该装饰部位采用了卷草纹的装饰，在色彩上，采用纯度较高的蓝色作为背景色，再勾以白边，这种配色系统是典型的蒙式配色方法。

（0905-2.5）回纹。

（0905-2.6）苏勒德。

（0905-2.7）该装饰部位上部为圆适几何纹的一半，中间是曲化的回纹，下部有寿字纹。色调为蓝白色调，是典型的蒙古配色。

（0905-2.8）盘长纹与卷草纹的结合。

三、额尔敦路商业街建筑（三）

（0905-3.1）传统建筑顶部造型的移用。

（0905-3.2）哈木尔变形纹样与卷草的变形纹样相结合。

（0905-3.3）云纹。

（0905-3.4）圆适几何纹。

（0905-3.5）苏勒德。

（0905-3.6）见 0905-2.7。

（0905-3.7）圆适几何纹的二方连续纹样。

（0905-3.8）盘长纹的变形与卷草纹的结合。

0905-3.4	0905-3.8

四、额尔敦路商业街建筑（四）

（0905-4.1）该装饰部位采用了卷草纹的装饰。

（0905-4.2）回形纹。

（0905-4.3）此装饰是回形纹的变形，多个连续，代表是无穷无尽的连绵之意。

五、额尔敦路商业街建筑（五）

（0905-5.1）该纹样运用的是植物纹样，装饰于建筑物上，简单又具有独特的风格。

（0905-5.2）蒙古包的符号化装饰。

（0905-5.3）回形纹。

六、额尔敦路商业街建筑（六）

（0905-6.1）此装饰是回形纹的变形，多个连续。

七、额尔敦路商业街建筑（七）

（0905–7.1）造型模拟蒙古包乌尼的结构，并运用了蓝色哈木尔纹样。

（0905–7.2）卷草纹与哈木尔相结合，是典型的蒙式纹样，造型均匀绵长。颜色上运用了金黄色，是蒙古族的常见配色。

（0905–7.3）卷草纹与哈木尔的结合。

（0905–7.4）这个装饰是“T”形纹的连续装饰，装饰屋檐下线脚，简洁大方。

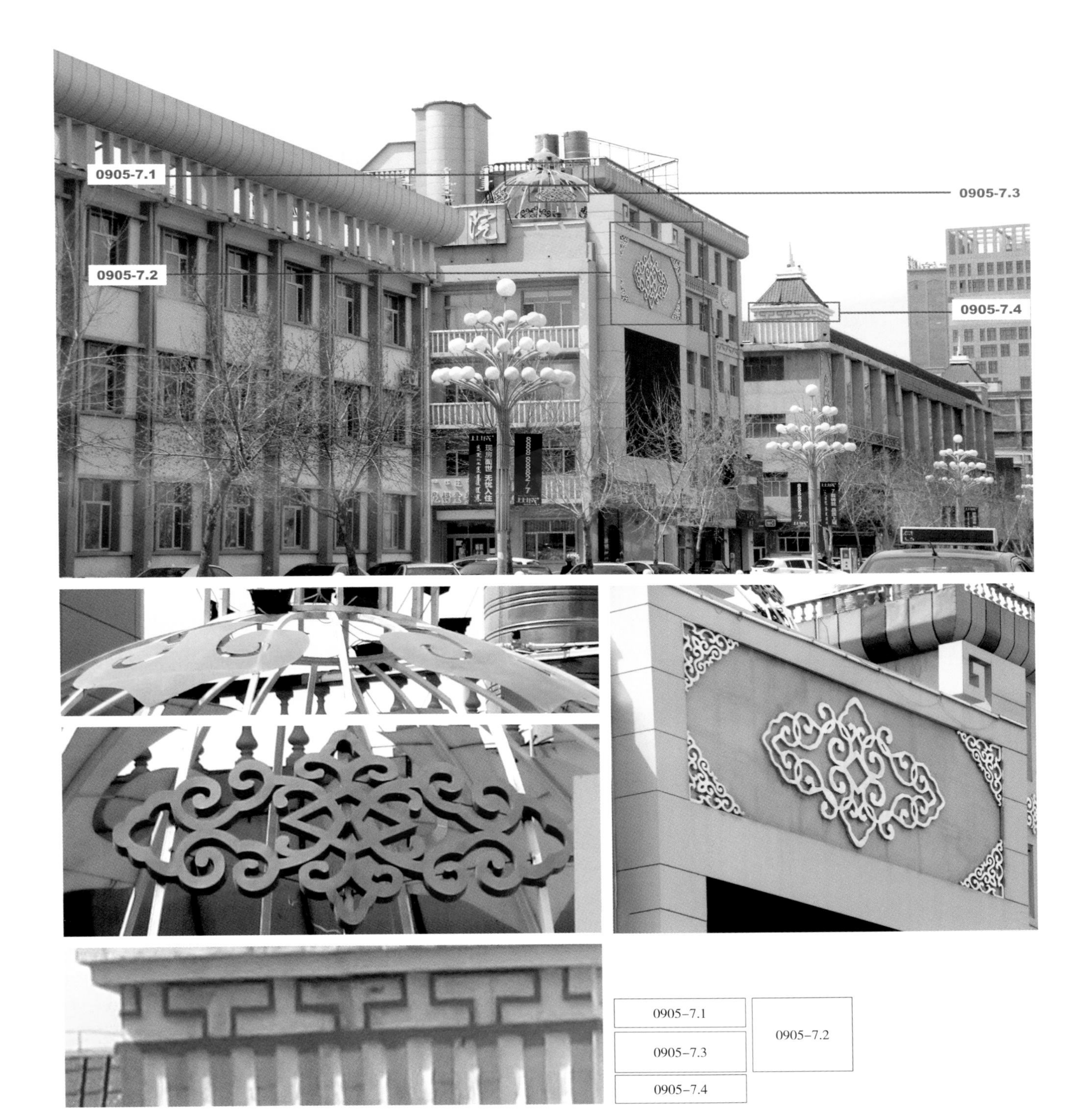

八、额尔敦路商业街建筑（八）

（0905–8.1）回形纹的变形，多个连续。

（0905–8.2）寿字纹。

（0905–8.3）哈木尔。

九、额尔敦路商业街建筑（九）

（0905–9.1）这个纹样是蒙古典型纹样盘长纹，是蒙古常见的纹样之一，代表的是吉祥与无穷无尽的意思。

（0905–9.2）单个的回形纹。

（0905–9.3）这是二方连续的回形纹，图形首位相接，形成一个圆形，用于装饰屋顶，色调为蓝白色调，是蒙古常用配色。

十、额尔敦路商业街建筑（十）

（0905–10.1）哈木尔。

（0905–10.2）单个的回形纹作为装饰。

（0905–10.3）寿字纹。

十一、额尔敦路商业街建筑（十一）

（0905–11.1）哈木尔纹，颜色为蓝色，蒙古族的常用纹样。

（0905–11.2）倒“S”形回纹作为线条，线条流畅。整体为蓝色，属于典型的蒙式配色方法。

（0905–11.3）回形纹。

（0905–11.4）回形纹的变形，多个连续。

（0905–11.5）回形纹。

9.6 蒙古大营建筑装饰与纹样

蒙古大营是呼和浩特市一个具有浓郁蒙古族特色的餐饮场所。里面包括多个具有特色的蒙古包建筑，具有民族风格。

一、室内大厅（一）

（0906–1.1）哈木尔。

（0906–1.2）圆适几何纹。

（0906–1.3）兽类纹样装饰，整体为金色。

二、室内大厅（二）

（0906–2.1）该装饰部位采用了卷草纹的装饰，是蒙古常见的纹样之一，在色彩上采用的是绿色。

（0906–2.2）图为金色哈木尔纹。

（0906–2.3）图为金色卷草纹。

（0906–2.4）这个纹样是盘长纹与卷草纹的结合，是蒙古族常见的纹样之一。

（0906–2.5）图为回形纹经过变形组合后的金色装饰。

（0906–2.6）金色哈木尔。

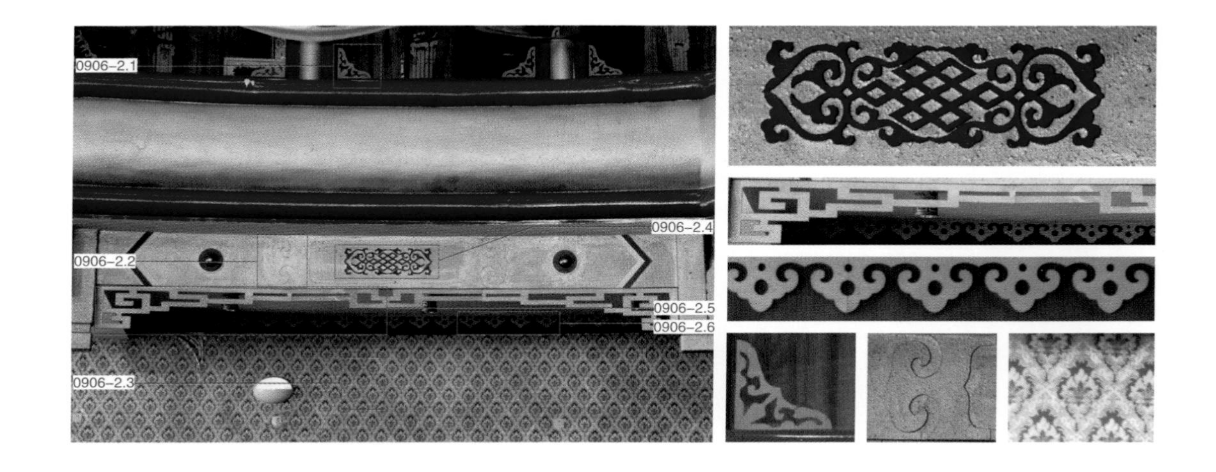

三、室内天花

（0906–3.1）四个哈木尔组成的圆形图案。

四、戏台（一）

（0906–4.1）蓝色卷草纹。

（0906–4.2）苏勒德。

（0906–4.3）金色兽类纹样装饰。

五、座椅

（0906–5.1）金色哈木尔，装饰于布料上。

六、戏台（二）

（0906–6.1）哈木尔。

（0906–6.2）金色龙形纹样装饰。

（0906–6.3）图为法轮纹图案加上火焰外形，里面的是“卍”字纹，整体为金色。

（0906–6.4）兽类纹样装饰，整体为金色。

七、家具

（0906–7.1）卷草纹。

（0906–7.2）卷草纹。

八、戏台（三）

（0906–8.1）苏勒德。

（0906–8.2）图外形为金色卷草纹，里面是卷草纹加盘长纹组合的圆形装饰图案。

（0906–8.3）蓝色卷草纹。

九、灯罩

（0906–9.1）蓝色哈木尔。

（0906–9.2）深蓝色哈木尔纹。

（0906–9.3）寿字纹。

十、蒙古大营外观（一）

（0906–10.1）蓝色哈木尔。

（0906–10.2）苏勒德。

（0906–10.3）哈木尔相连接形成的环形装饰。

（0906–10.4）蒙古族的奔马图形。与蒙古族骁勇、奔放的民族性格相得益彰。

（0906–10.5）外环为“T”形纹的互相咬合，里面是回形纹和盘长纹的变形，相互组合成一个几何圆形。

（0906–10.6）哈木尔。

（0906–10.7）红色哈木尔，二方连续。

（0906–10.8）“T”字纹相互咬合组成的环形装饰，金色。

（0906–10.9）哈木尔和卷草纹的结合，蓝白色调，装饰与门框上。

十一、院外蒙古包（一）

（0906–11.1）该图四角为卷草纹，中间是圆适几何纹。

（0906–11.2）蓝色哈木尔。

十二、院外蒙古包（二）

（0906–12.1）该图四角为卷草纹，中间是圆适几何纹。

（0906–12.2）此处是蓝色哈木尔纹，装饰在帐篷周边，与装饰材料相结合。

（0906–12.3）这是盘长纹和卷草纹相接形成的外框。

（0906–12.4）蓝色哈木尔。

（0906–12.5）蓝白色哈木尔。

（0906–12.6）图为简单的波浪纹，装饰在帐篷底部，色调为蓝白色调。

十三、建筑外立面

（0906–13.1）苏勒德外形与卷草纹相结合的装饰纹样。

（0906–13.2）蓝白色调哈木尔纹。

十四、剧场

（0906–14.1）苏勒德外形与卷草纹相结合的装饰纹样。

十五、赛马场

（0906–15.1）蓝白色哈木尔纹。

十六、楼顶蒙古包

（0906–16.1）哈木尔。

十七 院外蒙古包（三）

（0906–17.1）哈木尔，红黄色调。

（0906–17.2）哈木尔，蓝红白色调。

（0906–17.3）图为卷草纹和盘长纹的结合变形。

（0906–17.4）半圆形的蓝色装饰，呈环状围绕在帐篷周围。

（0906–17.5）波浪纹，蓝红相间。

十八 院外蒙古包（四）

（0906–18.1）蓝白哈木尔。

（0906–18.2）该图四角为卷草纹，中间是牛鼻子纹。

（0906–18.3）蓝白色哈木尔。

（0906–18.4）蓝色波浪纹。

（0906–18.5）哈木尔纹，蓝白色调。

（0906–18.6）红色为底，蓝绿相间的装饰纹样。

（0906–18.7）倒“S”形回纹和植物纹样的结合，通体流畅，色调为蓝白色调，是蒙式通用色彩。

十九 灯罩（二）

（0906–19.1）蓝白色哈木尔纹。卷草纹。

（0906–19.2）卷草纹。

（0906–19.3）寿字纹。

二十、蒙古大营外观（二）

（0906–20.1）苏勒德。

（0906–20.2）左边是圆适几何纹，右边是盘长纹和卷草纹的结合，整体为金色，配色白色的底。

（0906–20.3）蒙古族的奔马图形。与蒙古族骁勇、奔放的民族性格相得益彰。

（0906–20.4）蓝白色的哈木尔。

（0906–20.5）金红色的哈木尔。

（0906–20.6）图为“T”字纹相互咬合组成的环形装饰，金色。

二十一、地毯（一）

（0906–21.1）此图为卷草纹互相结合形成的矩形装饰纹样，运用于地毯上。

二十二、桌布

（0906–22.1）此图为金色卷草纹。

二十三、地毯（二）

（0906–23.1）以红绿色调为主，卷草纹重复排列形成的装饰图案。

二十四、地毯（三）

（0906-24.1）多个几何纹样相连，配色上是紫色，黄色与白色。

二十五、院外蒙古包（五）

（0906-25.1）半圆形装饰，呈环状绕在帐篷周围。

（0906-25.2）卷草纹，盘长纹，哈木耳的结合纹样。

（0906-25.3）卷草纹，盘长纹，哈木耳的结合纹样，四个角都是卷草纹。

（0906-25.4）黑红色调波浪纹。

9.7 内蒙古饭店建筑装饰与纹样

内蒙古饭店位于呼和浩特市新城区乌兰察布西路 31 号，于 1986 年开业，是一家内蒙古五星级现代化商务酒店，位于呼和浩特市中心，酒店对面有博物馆、内蒙古党校和内蒙古图书馆，是“中国首家草原文化主题酒店”。其中，传承草原历史之美的“成吉思汗金顶大帐”餐厅，金碧辉煌，特色浓郁。

一、内蒙古饭店外立面

（0907-1.1）在建筑的中部采用蒙式纹样中的“T”型纹条带状装饰，“T”型纹是蒙古族建筑装饰的核心纹样，配以墨绿色和黄色。

（0907-1.2）该装饰构件位于建筑的顶部，寓意繁荣吉祥。

（0907-1.3）户外雕塑采用盘长纹配形似羊角的卷草纹组合，体现蒙古特色。

（0907-1.4）内蒙古饭店外墙图案，采用典型的哈木尔和卷草纹的变形组合。

二、室内装饰墙

（0907-2.1）哈木尔形的变形图案，其中线内以回形纹、卷草纹等进行装饰。

（0907-2.2）卍字纹与哈木尔纹组合形成的装饰线。

（0907-2.3）现代装饰纹样。

三、吊顶

（0907–3.1）卷草纹的变形图形。

（0907–3.2）哈木尔纹样的现代变形图案。

（0907–3.3）回形纹的组合，中心图案为哈木尔图案的组合形。

四、包厢外立面

（0907–4.1）盘长纹与卷草纹的衍生组合。

（0907–4.2）卷草纹装饰的三角形区域。

（0907–4.3）哈木尔纹样的变形和简化后形成的边框装饰图案。

（0907–4.4）盘长纹和卷草纹的组合。

（0907–4.5）盘长纹和卷草纹的组合。

五、室内其他装饰图案

（0907–5.1）卷草纹。

（0907–5.2）卷草纹与莲花纹的组合形成柱头。

（0907–5.3）卷草纹和哈木尔纹样的组合形图案。

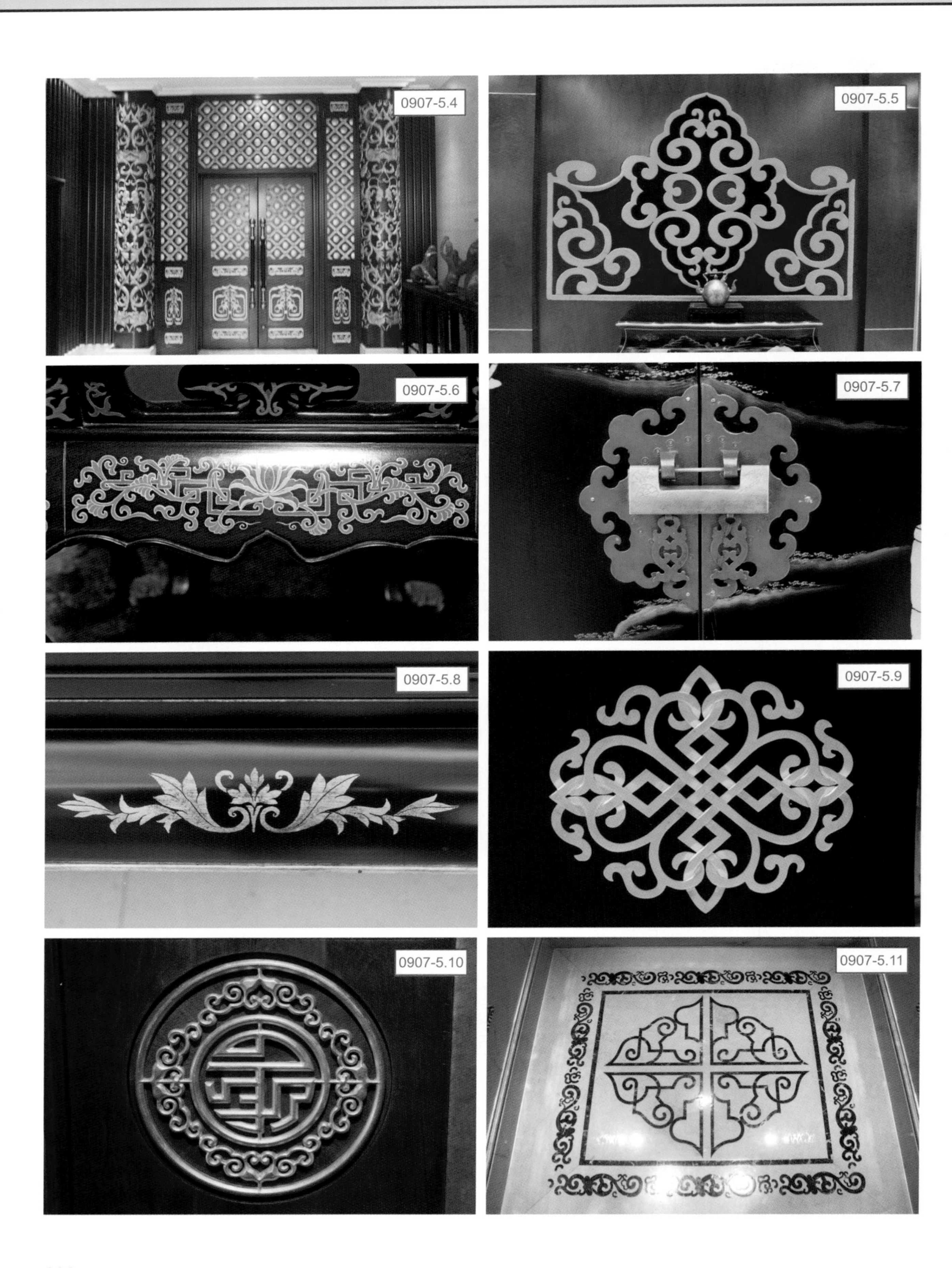
0907-5.4
0907-5.5
0907-5.6
0907-5.7
0907-5.8
0907-5.9
0907-5.10
0907-5.11

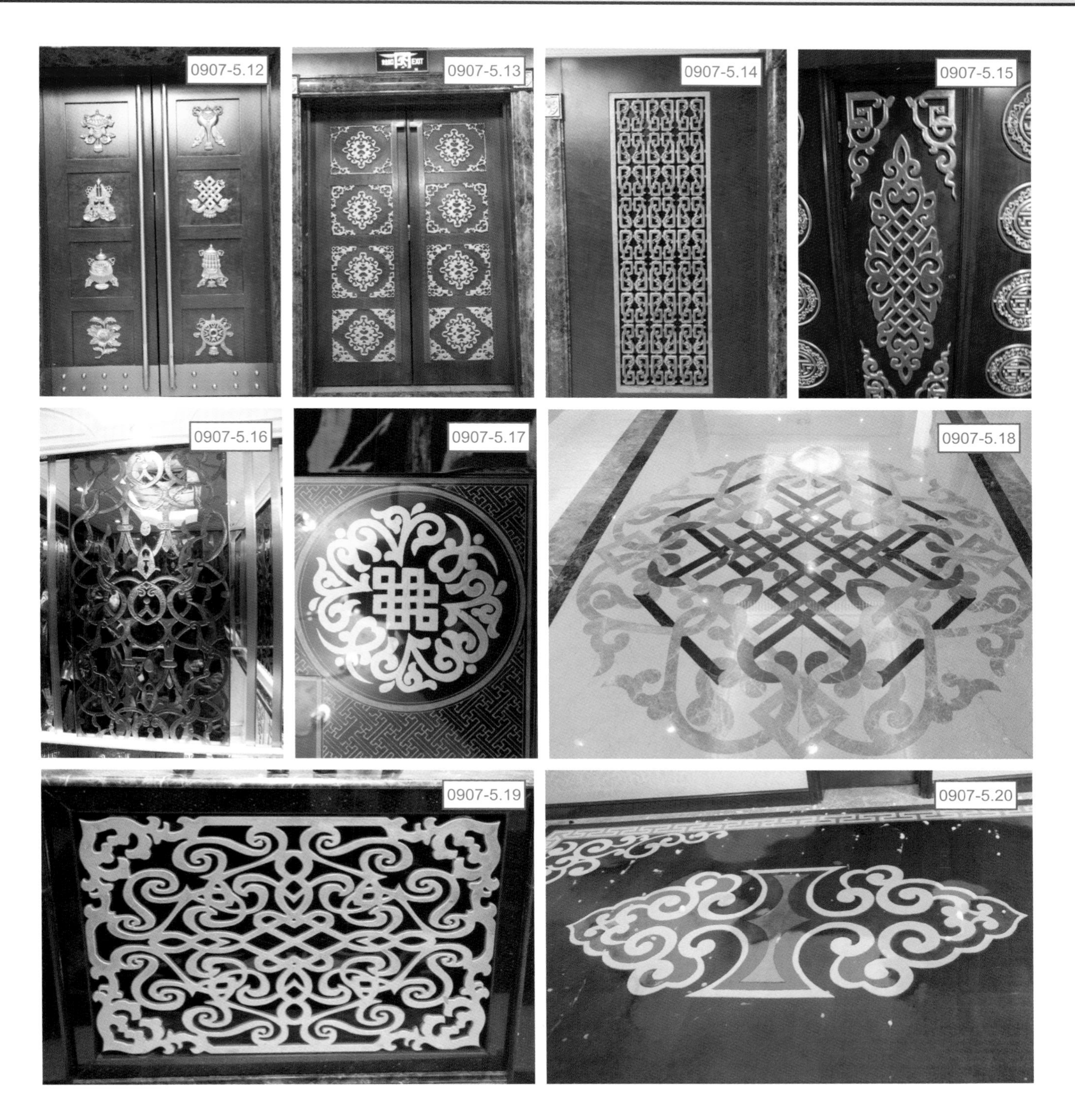

（0907–5.4）–（0907–5.20）室内不同位置的装饰纹样，以卷草纹为主题，配以盘长纹、哈木尔、圆形适合形等纹样进行反复的组合和衍生，形成不同造型和样式的蒙式风格图案。图案讲究对称、圆形等形状的适配。在色彩上主要以典型的蒙式配色为主，其中蓝绿色、红黄色、金银色等组合使用，形式丰富、色彩搭配有民族特色。

9.8 鄂尔多斯大剧院建筑装饰与纹样

鄂尔多斯大剧院位于鄂尔多斯市康巴什新区文化广场东北。鄂尔多斯大剧院为框架结构，地下一层，地上局部五层，规划用地为22000平方米，建筑面积为42688平方米，建筑最高点43.28米，大圆直径约100米，小圆直径约46米。鄂尔多斯大剧院在建筑造型上运用了具有民族特点的“帽子造型”，建筑局部运用了蒙古包结构中的哈那结构进行装饰。

（0908–1.1）以几何菱形重复分布组合，首尾相接，围绕建筑物装饰。

（0908–1.2）由四个小型的几何菱形组成的隐形大菱形装饰，极具规律，充满美感。

（0908–1.3）由几何中的三角形重复分布组合，首尾相接，围绕建筑物装饰。

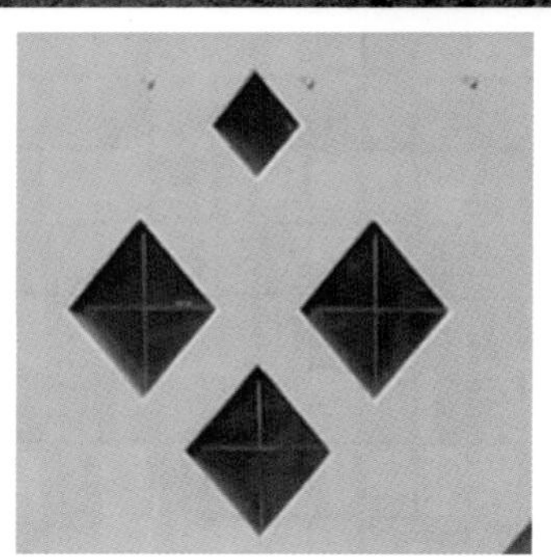

0908–1.1	0908–1.2
0908–1.3	

9.9 阿拉善大漠奇石博物馆建筑装饰与纹样

阿拉善大漠奇石文化博物馆建成于 2015 年，是阿拉善大漠奇石文化产业园的核心建筑，位于巴彦浩特西城区乌力吉路西侧、乌日斯路北侧。博物馆外观气势恢宏，具有鲜明的明清风格和蒙元元素，现在已成为苍天圣地阿拉善标志性建筑物，也是内蒙古地区唯一一家以奇石为主题的综合性博物馆。博物馆占地面积 3.4 万平方米，设有以葡萄玛瑙为特色的阿拉善展厅，展石来自世界各地的综合展厅，美轮美奂的宝玉石展厅以及各具特色的沙漠漆展厅，此外还有小精品厅、博乐歌展厅、小品雅石展厅、宝玉石精品展厅、金尊漠宝展厅等。

（0909–1.1）典型的蒙式圆顶。

（0909–1.2）盘长纹变形。

（0909–1.3）竖形卷草纹装饰在门框位置。

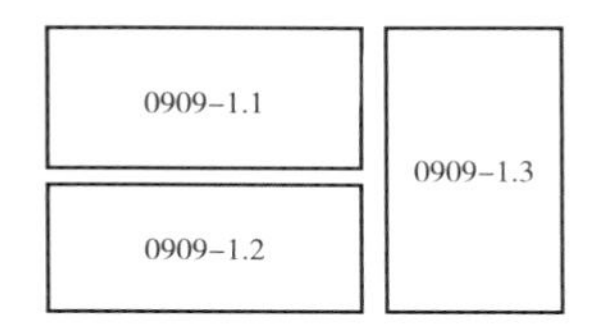

（0909–1.4）圆适几何纹与 T 形纹变形结合。

（0909–1.5）卷草纹。

博物馆建筑局部纹样。

9.10　蒙古丽宫建筑装饰与纹样

蒙古丽宫位于内蒙古锡林浩特市上海路展览馆旁、新区党政楼南 100 米，是最具草原民族特色的酒店。蒙古丽宫 2016 年装修完工 2017 年初正式开业，建筑混合蒙饰纹样和藏式色彩，属于藏蒙的融合建筑。

（0910–1.1）哈木尔纹样连续形成装饰条。

（0910–1.3）回形纹与寿字纹组合装饰。配的具有蒙式味道的卷草纹。

第十章　现代公共设施装饰与纹样

依托课题契机，我们收集了一系列丰富的内蒙古自治区蒙古族风貌的现代公共设施。这部分资料虽不隶属于建筑范畴，但其装饰纹样、色彩搭配考究，可以看出设计工作者们在此方面不断探索具有蒙古族特点的设计产品。我们关注到的公共设施主要包括建筑小品、公共汽车站、路灯、装饰小品以及一些公用设施等，特将此部分资料呈现。

10.1　建筑小品装饰与纹样

上图：锡林郭特市牌坊
左下图：巴彦淖尔市建筑小品
右下图：锡林郭特市牌坊

成吉思汗陵检票口

10.2 景观小品装饰与纹样

上图（左、右）：成吉思汗陵花坛
下图（左、右）：苏里格庙广场信息牌

10.3　公共汽车站装饰与纹样

上图：鄂尔多斯市公交车站
中图：鄂尔多斯市公交车站
下图：鄂尔多斯市公交车站

10.4 路灯及公共设施装饰与纹样

各式路灯及垃圾桶

致　谢

本书能够出版，首先得益于“十二五”国家科技支撑计划项目“传统蒙式建筑传承与创新关键技术研究与示范”的资助。在项目的全力支持下，写作组得以走完大部分内蒙古地区，采集了大量的数据。感谢项目主要负责人、北京亚太建设科技信息研究院院长戴震青研究员，戴震青研究员十分关心本书的研究和写作工作，给予了大量的支持。

感谢项目主要负责人、天津城建大学胡建平教授，胡建平教授是本项目天津城建大学负责人，也是本书的主要作者，审定了本书的主要内容，对主要思路、研究结论推导等方面全程参与，并提出修改建议与要求。

在数据采集过程中，天津城建大学孙媛媛、王栋、董春华、王丽、李国栋，中国城市发展研究院王琛、安家立、林学敏等付出了大量的努力，研究生丰春莉、郝丽媛，本科生甄玲等也一起参加了数据采集。在建筑纹样的分析、研究过程中，我的学生李怡、冯茜、郑舒文、蒯洋、甄玲、王世强、刘东棋、孔子雷、韩妙妙、刘柏辰、尹沛桢等参与了制作、编号及部分章节的前期排版工作。在此表示感谢！

感谢天津城建大学教务处张景光老师，中国建筑工业出版社张磊老师、黎有为老师、胡娴老师等在出版发行过程中付出的努力和辛苦！

参与书稿撰写的部分老师和同学（从左到右）：

孔子雷、刘东棋、王世强、韩妙妙、张小开、王栋、孙媛媛、郑舒文、冯茜、李怡、蒯洋

苏里格庙：王栋、安家立、戴震青、王琛、胡建平

途径阿拉善沙漠：张小开、戴震青、安家立、王琛、胡建平

喀喇沁亲王府：胡建平、孙媛媛、郝丽媛

元上都博物馆：胡建平、丰春莉、王丽、孙媛媛

元上都遗址：胡建平、孙媛媛

内蒙古大学：董春华、孙媛媛、甄玲

新疆乌鲁木齐：胡建平、王栋、王丽、董春华

准格尔王爷府：安家立、戴震青、胡建平、王栋、王琛

张小开，男，副教授，2008年毕业于江南大学设计学院，获博士学位，现任天津城建大学教务处副处长，2011–2017年任城市艺术学院教学副院长，丹麦VIA大学访问学者。主要研究方向为艺术设计、传统产业设计振兴。发表论文20余篇，其中3篇进入EI检索，获得国家专利5项，主持天津市艺术科学规划项目、天津“十二五”教育规划课题、天津市国际智库项目等省部级课题3项，主持完成各类局级课题2项，参与出版《中华民族传统家具大典》等著作2部。

胡建平，男，博士，教授，天津城建大学计算中心主任。主要研究方向为虚拟现实技术及信息处理。1993年起享受国家政府特殊津贴；天津市高等学校教学名师；在科研工作中先后主持、参加国家攻关项目，联合国开发署（UNDP）第029项目以及部委、地方委托项目30余项，研究成果被评为国内首创一项，国际水平1项，国际领先水平一项，获省部级科技成果（进步）二等奖1项，获省部级科学技术进步奖4项。

孙媛媛，女，副教授，2007年毕业于江南大学设计学院，获硕士学位，现任职于天津城建大学城市艺术学院。主要研究方向为产品设计及其理论研究，发表论文10余篇，其中中文核心5篇；设计作品多次获得省部级以上奖项，获得国家专利多项，指导学生作品多次获得省级、国家级奖项。主持完成天津艺术规划课题、天津市国际智库项目等省部级课题2项；主持完成局级课题1项。翻译《美国威斯康星大学平面基础教程》；出版《城市公共环境设施设计》、《产品语意》等多部教材。

王栋，男，讲师，2013年毕业于东北林业大学，获设计艺术学硕士学位，硕士在读期间主持研究生创新项目1项，发表论文2篇，其中1篇为中心核心期刊论文。现任职于天津城建大学城市艺术学院环境设计系。主要研究方向为建筑装饰、室内设计、家具设计等。在职期间参与国家级项目1项，省部级项目2项，发表论文1篇。设计作品及指导学生设计作品多次获奖。

李国栋，男，副教授，1980年生，博士学位，现任天津城建大学教务处副处长。主要研究方向是信息处理、数据挖掘。发表论文十余篇，其中4篇被EI检索，作为主要参加人获批天津市教学成果一等奖1项，获批“天津市级教学团队”称号。主持、参与科技部科技支撑计划、国家自然基金及星火计划等国家级项目4项、天津市自然基金等省部级课题3项，参与出版《职能信息挖掘与处理》著作1部。

图书在版编目（CIP）数据

蒙式建筑装饰与纹样 / 张小开，胡建平，孙媛媛，王栋，李国栋著．—北京：中国建筑工业出版社，2018.1
ISBN 978-7-112-21735-9

Ⅰ.①蒙… Ⅱ.①张…②胡…③孙…④王…⑤李… Ⅲ.①蒙古族—建筑装饰—研究—中国 Ⅳ.①TU238

中国版本图书馆CIP数据核字（2018）第002426号

责任编辑：黎有为 张 磊
责任校对：王 瑞

蒙式建筑装饰与纹样
张小开 胡建平 孙媛媛 王 栋 李国栋 著
*
中国建筑工业出版社出版、发行（北京海淀三里河路9号）
各地新华书店、建筑书店经销
北京京点图文设计有限公司制版
北京缤索印刷有限公司印刷
*
开本：880×1230毫米 1/16 印张：15½ 字数：441千字
2018年4月第一版 2018年4月第一次印刷
定价：168.00元
ISBN 978-7-112-21735-9
（31589）